KB119890

취할 준비

〖일러두기〗

– 고유명사나 사업체, 제품명 등으로 널리 알려진 경우 굳어진 표기법을 사용했습니다.

– 추천하는 우리술은 다음과 같이 정리했습니다.

  • 상품명: 지역, 양조장 | 도수 | 재료와 특징

취할 준비

알고 취하면 더 맛있는
우리술 이야기

알쓰부터 술꾼까지 모두가 사랑하는
전통주의 시대가 왔다!

박준하 지음

위즈덤하우스

차례

step 2

옛날 술을 마시는 요즘 사람들

step 3

나와 세상 사이에 놓인 이 한 잔의 술

Are you
ready?

들어가며

취할 준비 되셨습니까?

어릴 적부터 언젠가 심장이 오싹오싹해지는 미스터리 추리소설을 쓸 거라고 다짐했다. 글 쓰는 게 좋아서 국어국문학과에 갔고, 기자가 되기로 결심했지만 처음 쓰게 된 책이 술에 관한 이야기일 줄은 몰랐다. 주량이 소주 석 잔인 내가 결국 인생 최고의 미스터리를 썼다.

술은 '최악의 적'이었다. 솔직히 술을 미워했다. '술 권하는 사회'에서 술은 어떻게든 이겨내야 하는 존재였다. 물론 싸움에서 지는 쪽은 언제나 나였다. 소주 한 잔만 마셔도 얼굴이 빨개지고, 주량 이상으로 마시면 몸에 울긋불긋 두드러기가 돋았다. 그래도 대한민국에서 술을 피할 순 없었다.

술과 정면승부를 하게 된 건 2021년, 당시 부장님이 연재 기획 기사인 '우리술 답사기'를 내게 맡겼을 때다. "우리 회사에서 술을 제일 못 마시니 취하지 않고 일만 하고 올 것 같아서"라는 농담 섞인 이유에서다. 하지만 술이라고는 한 모금도 제대로 못 넘기는 '알쓰(알코올 쓰레기, 술을 못 마시는 사람을 뜻하는 은어)'가 맨몸으로 파헤치기엔 체급 차이가 컸다. 취재 때마다 양조장의 언어를 이해하지 못해 어려움을 겪었다. 체급 차이를 메우려고 시작한 술 공부다. 전통주 소믈리에 자격증을 따고, 술 빚기를 꽤 열심히 배웠다.

술에 한창 재미를 붙여가던 어느 날, 친구들과 함께 간 보틀숍에서 당시 우리술을 소개하는 서비스인 '술담화'의 PD이자 유튜버인 케이지 씨가 사인과 함께 적어놓은 문장을 봤다.

"전통주 붐은 온다!"

생각할수록 참 묘한 문장이었다. 전통주는 전체 주류 시장의 1%밖에 안 된다. 그 시장에 붐이 올 것이라는 믿음이라니. 술 이야기라면 눈을 반짝이던 사람들과 작은 시장임에도 언젠가 붐이 올 것이라는 기대 섞인 문장은 내 마음 한구석을 일렁이게 했다. 그때 결심한 것 같다. 알쓰에서 벗어나 전문가가 되어, 이제는 우리술로 뭔가 해보고 싶다고.

그렇게 시작한 첫 번째 도전이 우리술을 깊이 파고드는 기사를 기획하는 일이었다. 지난해 문화부 후배들과 '1% 시장, 전통주 붐(Boom)은 온다'라는 제목을 달고 만든 기획안이 한국언론진흥재단 공모전에 선정되면서 도전의 첫발을 뗄 수 있었다. 지원받은 기금으로 일본과 영국 스코틀랜드에 가서 사케와 위스키를 취재했다. 짧은 유학이었다. '우리술 답사기'를 취재하며 듣고 느낀 점과 해외 사례를 신문 21면에 이르는 장편 기획 기사로 풀었다. 술, 그것도 우리술을 소재로 이렇게 긴 기사를 소화한 건 언론사 가운데 처음이었다. 그 기획은 유관 기관에서 공적상, 한국기자협회에서 '이달의 기자상'을 수상했다.

그리고 두 번째 도전이 바로 이 책이다. 이 책은 알쓰가 술에 대해 알아가는 여행기이자, 술과 사랑에 빠진 과정을 기록한 로맨틱 코미디다. 우리술을 친절하게 설명하는 가이드북이 되었으면 하는 바람도 담았다. 나 같은 알쓰도, 술을 사랑하는 술꾼도, 술독에 빠진 주당도 이 책

을 읽으며 자신의 경험을 상기하고, 공감했으면 하는 마음으로 썼다. 사람들이 술을 찾는 이유 중 하나는 술을 마시면 나오는 진솔한 모습 때문이라고 생각한다. 겁은 났지만 책도 최대한 날것으로 솔직하게 쓰려 노력했다. 평생 숨기고 싶은 일도 적었다. 크게 바라는 건 없고 책장을 넘기면서 술 한잔이 간절해지면 좋겠다.

고마운 분이 많다. 나를 믿고 '우리술 답사기'를 맡겨준 김봉아 선배께 감사드린다. 물심양면으로 지지해준 농민신문사와 선후배들께도 깊은 감사를 전한다. 술의 길을 열어준 스승이신 류인수 한국가양주연구소장님, 책의 감수를 맡아주신 《술자리보다 재미있는 우리술 이야기》의 저자 이대형 박사님, 바쁜 와중에도 늘 반갑게 맞아주고 가르침을 주셨던 업계 전문가들과 양조장 대표님들께 고마움을 전한다. 어떤 대표님은 "업계가 박 기자에게 빚을 졌다"는 말씀을 하셨는데, 오히려 빚을 진 건 내 쪽이다. 진심으로 감사드린다.

가능성을 알아보고 첫 강연 기회를 준 넷플연가, 첫 책의 기회를 준 위즈덤하우스, 함께 고생한 송지영 편집자님께도 인사드린다. 편집자님의 열정에 감동받은 순간이 많았다. 책을 가장 기다렸을 나의 엄마 한송이 님, 아흔에 가까운 나이에도 사람은 언제나 배워야 하는 존재란 걸 몸소 알려주신 할아버지 한완식 님, 나의 선택을 언제나 믿어주는 가족들, 친구들에게도 고맙다. 마지막으로, 우리 고양이 호두와 인스타그램 '준돌드링크'의 팔로워이신 '돌멩이' 여러분께도 감사 인사를 전한다.

책을 보는 여러분도 끝에 가선 이런 마음이 들었으면 좋겠다. 전통주 붐은 온다고. 오늘이, 지금 이 순간이 우리술을 마실 때라고. 이제 우리술에 취할 준비가 되었다고.

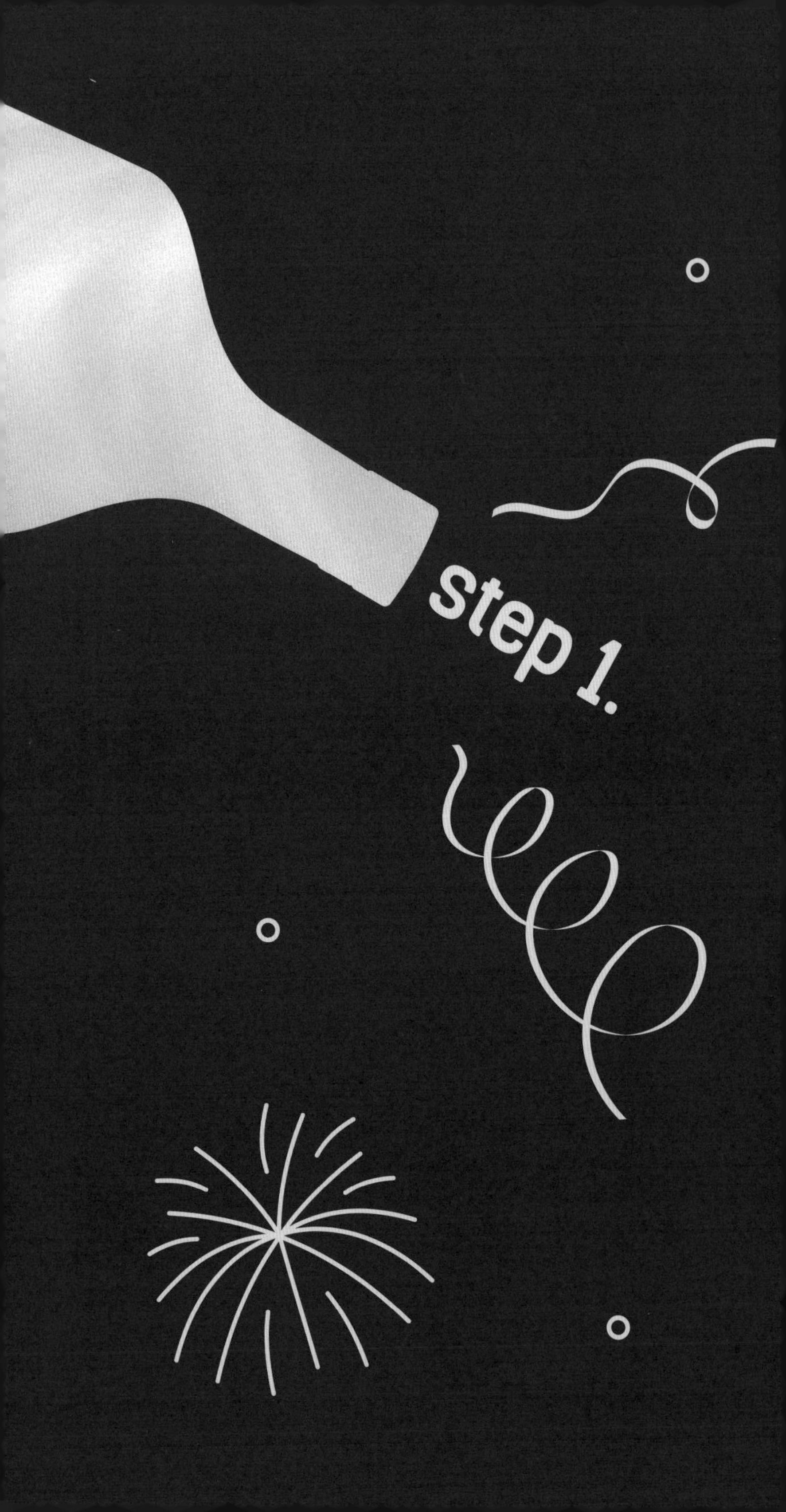
step 1.

전통주?

우리술?

아무튼

처음 뵙겠습니다!

©복순도가

1

주량이 대수다

#주량 #회식과_술

#알코올쓰레기 #알쓰 #수작과_강권

#취뽀대신_술뽀 #후래자삼배

내 주량은 소주 석 잔이다. 주량을 고백하는 순간은 여전히 어색하다. 처음 술자리에 가면 어김없이 서로 주량을 묻는다. 그리고 주량을 고백하고 나면, 이어 돌아오는 말.

"에이, 그럼 한 병은 마신다는 소리네요?"

술자리에선 무조건 상대의 주량을 두 배로 셈하는 계산법이 있다. 수치화된 답변만큼 정확한 게 있던가. 그런데도 주량만 두 배가 되는 계산법은 곱씹을수록 기묘하다. 신기한 건 그 누구도 이 계산법에 토를 달지 않는다는 점이다.

"한 병은 절대 못 마시고요. 진짜, 진짜 석 잔 맞아요."

민망함에 '진짜'를 두 번이나 말해도 돌아오는 건 타박이다.

"뭘 벌써 빼고 그래요. 그렇게 안 보이는데 주량이 겸손하시네."

이쯤 되면 '진짜'라고 거듭 말한 사람만 머쓱하다. 술자리에선 주량이 석 잔인 사람은 환영받지도, 배려받지도 못한다.

언젠가 술을 마시는 예능에서 주당으로 입소문 난 연예인이 술을 잘 못 한다는 다른 출연자에게 이런 말을 한 적이 있다.

"술도 못 하면서 여긴 왜 나왔어요?"

그러자 공격당한 출연자는 기죽지 않고 "술 못 하면 술집 못 가요? 안줏발도 있고 이야기하는 맛에 가는 거지, 누가 꼭 술만 마시러 가나요. 물 2L 마시면서 술자리에 끝까지 있어!"라며 되받아쳤다. 예능에선 무례한 질문을 한 연예인이 '깨갱'하는 결말이었지만, 현실에서 이렇게 받아치기는 쉽지 않다. 술자리를 깨지 않는 선에서 무례한 언사를 '사이다'로, 그러나 예의 바르게 되받아치기까지 얼마나 많은 공격을 받았을까.

알쓰의 탄생

술자리만 생각하면 걱정되고, 속이 메스껍고 부담스러운 나 같은 사람을 세상은 '알쓰(알코올 쓰레기)'라고 부른다. 생각해보면 세상에 쓰레기 짓이 얼마나 많은데, 술을 못 마시는 일이 '쓰레기'가 된단 말인가. 반대로 술을 잘 마시는 사람에게는 그런 말을 하지 않는다. 범죄가 아닌 이상 술을 잘 마시는 행위는 전시되지, 비난받진 않는다. 그만큼 우리나라에서 술 마시는 일은 힘이고, 이는 곧 주력(酒力)이다.

얄팍한 주량은 취업 준비하던 시절에도 마땅한 고민거리였다. '술을 잘 마셔야 하는 직업' 중에서 빠지지 않는 게 기자다. 언론사에 입사하기 전, 취업 준비생 온라인 커뮤니티에서 '언론사 술' '언론사 술 못 마시면'을 수없이 검색했다. 그리고 면접에서 매번 고비가 찾아왔다.

당시 언론사에서 유행한 면접 방법은 '산행 면접'과 '합숙 면접'이었다. 산행 면접은 면접관들과 한바탕 산을 타고(1차 고비), 술을 거하게 마시는(2차 고비) 일이다. 사람은 고난과 역경 속에서 본모습이 나온다고 하는데 언론사에선 그런 것을 기대한 것 같다. 합숙 면접은 1박 2일 또는 2박 3일 숙박을 하며 진행된다. 일종의 수련회다. 합숙 면접엔 각종 개인·단체 과제, 레크리에이션과 술자리가 준비돼 있다. 후기에는 술자리에서 아부를 잘하는 사람이 뽑힌다는 둥, 술을 빼면 절대 합격하지 못한다는 둥, 어느 언론사 어떤 면접관이 술이 세다는 둥, 개인기를 준비한 사람이 눈에 띈다는 둥 갖은 참견과 조언이 이어졌지만 진상은 모른다.

다행히(?) 술자리 면접 기회를 얻진 못했다. 만약 면접 기회가 주어졌다면 '술터디'라도 꾸려 연습하지 않았을까 싶다. 언론 준비생들은 독하고, 특히 나는 어떻게든 취업하려는 아주 독하디독한 취업 준비생이었기 때문이다. 지금에야 꼭 주량이 판별 기준은 아니겠구나 싶지만, 술을 잘하는 사람이 면접에서 유리한 건 맞다고 생각한다.

산행이나 합숙 면접이 아니더라도 면접장에서 나오는 단골 질문 중 하나는 "술을 잘 먹느냐" "주량은 어떻게 되느냐"다. 자판기처럼 언제든 누르면 대답이 나와야 하는 기출문제라서 모범 답안은 항상 준비해놓고 있었다.

"소주는 반 병 정도 먹고요. 술은 잘 못 하지만, 술자리 분위기를 좋아해 끝까지 남아 있는 편입니다."

진실은 굳이 적지 않겠다.

주량이란 무엇일까

주량이 대체 뭐기에 '곱하기 2'라는 어마어마한 계산법이 튀어나오는 걸까. 많은 사람이 만취할 때까지, 얼마나 술을 버티는지로 주량을 측정하지만, 전문가들이 말하는 주량은 마시고 알딸딸한 정도라고 한다. 딱 그 정도 마셔야 어떤 술이든 숙취 없이 술자리를 즐길 수 있다고 한다.

'주량=소주 석 잔'이라는 계산법도 나름대로 고민 끝에 나온 합리적인 답안이다. 석 잔이 딱 적당하다. 속이 약간 부대낄 정도로 부담이 있는 상태다. 머리도 살짝 띵하다. 대신 다음 날 일어나면 숙취도 없고 개운하다. 이 이상을 마시면 꼭 토하든 몸에 두드러기가 나든 어쨌든 사달이 나고 만다.

그러고 보면 주량을 꼭 소주로만 따지는 것도 비겁하다. 소주론 제법 강한데 맥주는 배부르다고 못 마시는 사람이 있는가 하면, 맥주는 1000cc도 거뜬한데 소주를 마실 땐 하염없이 약한 사람도 있다. 자신이 잘 마시는 '주 종목'이 있는 셈이다. 하긴 얼마 전 어떤 술자리에 가니까 "주량이 와인 한 병"이라고 소개하는 사람도 있었다. 참신해서 나도 모르게 손뼉을 딱 쳤다. 안타깝게도 나는 '주력' 삼을 주종도 마땅히 없다.

대부분 술자리 계산법은 적당히 취한 상태보다 만취 상태를 반영하는 듯하다. 주량이라고 하면, 최대 주량을 생각하는 사람이 많다. 첨예한 갈등 사이에서 괜찮은 대답은 뭘까. 예전에 어떤 술자리에서 고향을 묻는 선배에게 "본적은 어디고, 현재 부모님이 사는 곳은 어디고, 자취는 어디서 합니다"라고 말했더니 "정답"이라는 칭찬이 돌아왔다. 아마 사회생활에서 주량을 답하는 모범 답안도 그 부근에 있지 않을까.

이렇게 대답할 걸 그랬다.

> **"제 주량은 소주 석 잔이지만, 한 잔만 마셔도 취기가 돌며 얼굴이 빨개집니다. 단, 많이 마실 때는 최대 소맥 넉 잔 정도 마실 수 있습니다. 그럴 경우 컨디션에 따라 토할 가능성은 50% 정도 됩니다. 하지만 오늘은 술자리가 즐거워서 계속 마실 것 같습니다."**

주량을 헤아리고 고민하는 것보다 능구렁이처럼 적당히 술자리 분위기를 맞추는 편이 좋았겠지만, 갓 입사한 사회 초년생은 취업 준비생 시절 독기가 다 빠진 맹물이었다. 그저 거인 같은 사회인들 사이에서 어쩔 줄을 몰라 했다. 어설프게 술을 빼다가 핀잔만 듣기 일쑤였다.

주량이 약하다 보니 가끔 별일이 생기기도 하는데, 그중 가장 별로인 건 평소보다 오버하는 자신이다. 술이 약하니 뭐라도 해야겠고, 같이 술을 못 마시니 분위기 못 맞춘다는 소리를 들을까 봐 신나는 척한다. 오버해서 술을 말아 공급한다거나, 갑자기 삼행시로 건배사를 한다거나, 잔 돌리기로 분위기를 띄운다거나, 술 병목을 치다가 맞은편에 있던 상사의 얼굴에 소주를 튀긴다거나, 글로 쓰는데도 얼굴이 달아오르는 그런 것들 말이다. 술을 못 마시니 부족한 주량으로 발생하는 공백을 가벼운 언사나 장기자랑으로 허겁지겁 채우는 것이다. 이럴 땐 마치 아슬아슬한 줄타기를 하는 것 같다.

적당히 분위기를 맞추면 '술은 못 마셔도 분위기는 잘 맞추는 사람'이 되지만, 자칫 발을 헛디디면 '술도 못 하면서 나대는 사람'이 된다. 여러 번 선을 모르고 도를 넘었다가 옆자리에 앉은 사람의 눈총을 받으면 그땐 정말이지 쥐구멍에라도 숨고 싶어진다. 작은 일은 두고두고 생각하는 성격이 아닌데도, 안쓰러워하고 지긋지긋하다는 눈빛이 보이면 잊기 힘들다. 술자리에선 다 같이 취해 잊는다지만 내겐 몇 년이 지나도 잊히지 않을, 밤중 이불을 걷어차는 술자리가 몇 개 있다. 사람들은 생각보다 기억력이 좋다.

억지로 마시면 술고래도 취한다

우리나라는 술을 주거니 받거니 하는 수작(酬酌) 문화권인데 도가 넘을 땐 강권하는 것이 된다. 밑 잔을 남기지 말라거나, 사랑하는 만큼 따르라거나, 나중에 술자리에 온 사람이 기존 사람과 비슷한 수준으로 취하기 위해 석 잔을 마시고 시작하는 '후래자삼배(後来者三杯)' 같은 것들. 술자리에서 파도타기를 해본 적 있는가. 중간에 머뭇거리는 사람이 있으면 처음부터 다시 마시길 시작해야 한다. 그리고 애초에 그러려고 타는 파도다.

끊임없이 술을 권하는 사람 앞에선 마음 놓고 마시질 못한다. 혹시라도 주량을 넘겨 실수할까 봐 겁나서다. 반대로 자유로운 술자리는 '안줏발'을 세워서라도 남고 싶다. 회식의 목적은 결속 아니던가. 술을 권하는 사회는 즐거운 자리를 하기보단 어떻게 하면 이 자리를 빠져나갈지 궁리하게 만든다. 불편한 사람과 불편한 자리에서 편한 행동은 자칫 서로 무례해질 뿐, 쉽게 마음을 놓기는 어렵다.

술자리에서 침묵은 권력이다. 가만히 앉아서 누군가의 재미난 이야기에만 어울리며 원하는 만큼 술을 마시고, 맛있는 안주에 적당한 알코올을 곁들이며 "어휴 괜찮아. 그만 마셔" 하며 말리는 사람이 되고 싶다.

물론 회사 생활에 어느 정도 익숙해지니 주량을 배려해주는 사람도 생겼다. 잔을 돌릴 때 일부러 내 잔엔 반만 따라준다거나, 물로 채워준다거나 하는 그런 사소함 말이다. 별일 아닌 것 같지만, 술자리에선 그런 배려가 참 고맙다.

그중에 유별나게 날 챙겨주는 선배가 있다. 그 선배는 회사에서도 손에 꼽는 주당이었다. 선배도 처음엔 내 주량을 멋대로 두 배로 계산하고 술을 권했다. 책임지고 주량을 늘려주겠다는 말도 했다. 주는 대로 받아 마시다가 집에 실려 가길 여러 번, 하루는 단단히 각오하고 전부 받아 마신 적이 있다. 결과는 끔찍했다. 소맥을 연속으로 넉 잔이나 마시고 상사들이 있는 회식 테이블에 장렬히 토해버린 것이다. 동료들은 깜짝 놀랐지만 언제 그런 일이 있었냐는 듯 상황을 못 본 척해줬다.

결국 뒤늦게 동료들 손에 끌려 나가면서도 토하고, 전봇대에도 토하고, 집에 가는 택시 안에서도, 내리고서도, 집에 가서도 토했다. 그 후로 선배는 나에게 절대 술을 주량보다 더 권하지 않는다. 다른 사람이 내게 술을 먹이려고 하면 나서서 말려줄 정도다. 내가 선배에게 따라주면 "너 오늘 좀 마시니?" 하다가 금세 손사래를 치고 적당히 마시라고 어깨를 두드린다.

물론 과음을 통한 실수로 어딘가 끈끈하고 재미난, 또는 우스운 에피소드가 생기는 것 자체는 부정하고 싶진 않다. 어떤 선배는 우리 동기들이 그의 어머니 댁에 우연히 놀러 가 사위 준다고 담가놨던 인삼주를 함께 나눠 마시며 뻗었던 기억을 아직도 추억하고, 고마워한다. 지금도 '인삼주'라는 단어를 말하면 "저놈들이 내가 사위 줄 술을 다 마셔버렸다니까!"라면서 마치 어제 일처럼 즐거워한다. 사회 초년생이었던 나에게는 쉽지 않은 술자리였겠지만, 퍽 푸근하고 나쁘지 않은 과음이었다. 술을 권하는 사람 중 일부는 아마 그런 결속을 바라는 것일지도 모른다. 허물없이 인간 대 인간으로 만날 기회를 만들고 싶은 것이다. 컨디션 따라 제멋대로인 주량만큼이나 사람 일이란 게 자로 잰 것처럼 깔끔하게 나누기도 어렵다.

다만 다년간의 술로 인한 혹사 끝에 나는, 주량은 그 사람이 말한 만큼이라고 생각기로 했다. 누군가 임의로 정하거나, 두 배 부풀리는 계산법을 적용하지 않고 자신이 정의한 대로만 마시는 것이다. 사실 강권하지 않는다면 누가 덜 마시든, 더 마시든 좋지 않을 게 무엇인가. 덜 마시면 '오늘은 컨디션이 안 좋구나' 하고 넘어가면 되는 일이고, 더 마시면 흥을 맞춰주면 된다.

마시면 주량이 는다고 하던데 내 주량은 여전히 제자리다. 버티는 힘이 늘어 상황에 따라 한두 잔 더 마실 수는 있어도, 석 잔을 딱 마시면 알딸딸해지고 그보다 더 마시면 울긋불긋한 두드러기가 나는 건 변함이 없다. 불과 며칠 전에도 맥주 200cc(오타 아님)를 마시고 상태가 괜찮기에 주량이 늘었나 싶었는데 다음 날 바로 변기를 붙잡았다.

코로나19가 끝나고 회식 자리가 다시 생기고 있다. 이제는 약한 주량으로도 반가울 술자리들이 늘었으면 좋겠다. '알쓰'도 별다른 계산 없이 마음 놓고 생수 병나발을 불어대며 오래 있고 싶은 술자리 말이다.

2

'알쓰'가 쓰는 술 기사

#술샘_술취한원숭이 #이원양조장_시인의마을

#모월협동조합_원소주클래식 #시향가

#댄싱사이더 #전통주소믈리에

어릴 적부터 승부욕이 강해 누구한테 지는 걸 견딜 수 없었다. 못하는 것보다 더 싫은 건 못하는 걸 의연히 받아들이는 나 자신이다. 가령 춤이 그랬다. 나는 지독한 몸치로 태어났다. 고등학교 때 무용 시간이 있었는데, 하루는 선생님이 내가 춤추는 모습을 보더니 한숨을 푹 쉬고 "괜찮아. 그래도 공부는 잘하지?"라며 격려할 정도였다. 대학에 입학한 지 얼마 안 돼 친구를 따라갔던 이태원 펍에서 낯선 사람에게 면박을 당한 적도 있다. 옆에 서 있던 남자가 흘긋흘긋 보기에 '혹시 춤이 좀 늘었나?' 싶어 땀을 삘삘 흘리며 더 열심히 췄다. 한참 지켜보던 남자가 다가오더니 귀에 대고 이랬다.

"진짜 춤 못 추네요."

못한다고는 죽어도 말 못 한다

이쯤 되면 춤이 싫어질 법도 한데, 취업 준비생을 탈출하고 취미 생활할 시간이 생기자 3년 동안 돈 주고 춤을 배웠다. 뻣뻣한 몸을 어떻게든 고쳐보려고 4개월간 주 5일을 울며 새벽 요가를 다니기도 했다. 발레도 1년 정도 했다. 여전히 춤은 못 춘다. 이젠 오랜 취미가 되어버린 셈이지만 사람들에게 춤춘다는 말은 굳이 하지 않는다. 대신 꾸준히 연습을 함께하는 친구들이 있을 정도로 춤을 자주 추고 좋아하게 됐다. 노력해서 원하는 만큼 좋은 결과가 나오지 않더라도, 또 매사를 그렇게 살다 보니 어려운 일을 마주하면 '해보면 되겠지'라며 마음을 다진다. 그럼 안 될 것 같던 일도 이겨내고 그랬다.

"어쩌다 술 전문 기자가 됐어요?"

'술 전문 기자'가 되고 100번도 더 들은 말이다. 어떤 사람은 흥미롭다는 듯, 또 누구는 놀리듯이 묻는다. 예전에는 민망해하며 "그러게요"라고 눙쳤지만 요즘은 기다렸다는 듯 "그니까 그게 어떻게 된 거냐면요~"라며 더 신나 입을 뗀다.

"우리술 답사기는 박 기자가 맡지 그래!"

문화부에 온 첫해, 부장의 말에 가슴이 철렁 내려앉았다. 문화부에선 으레 새해가 밝으면 그해 연재할 기획 기사를 발제하고 담당을 나눈다. 담당 기자가 한 해 동안 해당 코너를 책임지는 것이다. '우리술 답사기' 코너는 직전 해에 술을 좋아하는 한 선배가 기획안을 내고 3회나 연재했지만 연말 인사 이동으로 주인을 잃어버린 상태였다.

못한다고 인정할 수 있는 게 '딱히' 없는 나란 사람의 '딱히'는 바로 술이었다. 누군가에게는 술이 인생에서 빠질 수 없는 재미라지만 당시만 해도 내게는 이가 갈리는 단어였다. 코로나19를 겪기 전까지 얼마나 많은 회식 자리를 겪었던가. 나는 회사에서도 술 못 하기로 소문난 기자였다. 한 잔만 마셔도 한 궤짝 마신 것처럼 얼굴이 불그죽죽했고, 한창 회식을 많이 했을 땐 하도 구토를 해서 역류성 식도염에 걸릴 지경이었다. 매번 술자리에 가면 내가 얼마큼 술을 못 마시는 사람인지 브리핑하고 설득해야 했다. "마시면 는다" "술은 정신력"이라는 말을 숱하게 들었지만 술만큼은 춤이나 요가처럼 노력한다고 극복할 수 있는 게 아니었다. 고작 술 때문에 나의 정신력을 평가 절하 당하는 일이 비참했다. 매사에 '해보면 되겠지'라고 마음을 다지는 나를 좌절하게 만드는 존재. 누군가 물어보면 "못 한다"고 대답해야 했던 것. 술은 그야말로 내 인생의 최대 약점이자 단점이었고, 그래서 이 기획은 그야말로 나와는 인연이 없어야만 했다.

"부장님도 잘 아시겠지만, 저는 술을 잘 못 하는데요."
"알지. 근데 그래서야."

우회적인 거절에 부장은 농담 같은 지시를 이어갔다.

"다른 사람들은 양조장 취재 가면 취해서 올지도 몰라. 그런데 박 기자는 술을 좋아하지 않으니까 딱 일만 하고 올 거 아냐."

그렇게 '우리술 답사기'는 내 몫이 됐다. 그해 우리 부서에 나보다 술을 잘 마시는 기자가 넷이나 있고, 그중 셋은 애주가였는데도. 다른 기자들이 내심 자신이 맡길 바랐던 포상 같은 기획을 짐처럼 떠안았다. '해보면 되겠지'가 아닌 '해보면 될까?'라는 미심쩍은 마음을 안고 전임자인 선배가 남긴 친절한 기획안과 3회분의 기사를 노려보듯 읽을 수밖에 없었다.

'술알못'의 첫 번째 숙제는 처음 취재할 양조장을 고르는 일이었다. 처음에 관해선 여러 가지 명언이나 속담들이 있지 않던가. 첫 단추를 잘 끼워야 한다거나, 처음이 어렵다거나, 시작이 반이라거나. 떠맡은 기획이지만 처음이니까 잘하고 싶었다.

술을 잘 모르다 보니 포털사이트 검색에만 의존할 수밖에 없었는데, 그제야 우리나라에 양조장이 1400여 개나 있고, 주세법상 전통주는 막걸리만이 아니라는 사실을 알게 됐다. 전국에 우리술을 빚는 사람이 이렇게 많은데 그동안 왜 몰랐는지 이상할 정도였다. 또 회식 때 마신 고급 술 몇 종은 우리술이었다는 것도 알게 되었다. 그럼 어디부터 취재하는 게 좋을지 고민하다가 어쨌든 첫머리이니 누구나 혹할 만한 술이 있는지 찾아봤다. 그 당시 방송을 탄 지 얼마 안 돼 품절 행진을 이어가고 있던 경기 용인 술샘의 막걸리 '술취한 원숭이'가 눈에 들어왔다.

요즘 가장 핫한 원숭이를 찾아서

첫 취재 장소로 찾은 술샘은 서울에서 가까운 편이지만 뚜벅이에겐 꽤 가기 까다로운 곳에 있다. 운전면허는 장롱면허가 된 지 오래고, 혹시나 가서 술 마실 일이 있을 것 같아 대중교통을 이용했다. 술샘은 '술이 마르지 않는 샘'에서 따온 이름이다. 술이 마르지 않는 샘이라니, 애주가에게 이만한 샘이 있을까. 도착하니 사람보다 고양이가 먼저 반겼다. 술샘의 신인건 대표가 밥을 챙겨주는 길고양이란다. 고양이가 눈밭을 뒹구는 걸 잠깐 구경하는데 신 대표가 나와 맞아주었다.

'술취한 원숭이'는 술샘의 대표 상품이다. 이 술의 가장 큰 특징은 색깔이다. 흰쌀로 만드는 일반 막걸리들과 달리 술샘은 멥쌀 표면에 홍국균(붉은누룩곰팡이)을 배양한 홍국쌀로 술을 빚는다. 홍국쌀은 곰팡이균 때문에 붉은색을 띠는데 이걸로 술을 만들면 선명한 빨간색이 나온다. 비트나 적양배추 같은 색소의 도움을 받는 게 아니라 쌀로 이런 색을 내는 게 신기하다. 이 술은 원래 붉은색을 좋아하는 중국인을 겨냥한 수출용 막걸리였다고 한다. '술취한 원숭이'의 자매품으로 수출용 살균 막걸리 '붉은 원숭이'도 있다.

한 방울이라도 흘릴 새라 잔에 소중히 따른 '술취한 원숭이'는 되직한 토마토주스 같은 질감이다. 도수는 10.8도. 원숭이 캐릭터인 '손오공'이 등장하는《서유기》에서 착안해 불교의 백팔번뇌를 10분의 1로 줄이겠다는 의미를 담았다고 한다. 라벨도 독특하다. 모두 신 대표가 젊은 시절 '술 마시고 했던 짓'을 전각으로 담았다. 자세히 보면 토하는 원숭이, 노래 부르는 원숭이, 춤추는 원숭이, 누워 있는 원숭이 등이 그려져 있다. '일'보다는 '짓'이 맞는 것이다.

"시음해볼 수 있을까요?"

기대와 걱정을 안고 잔에 담긴 '술취한 원숭이'를 홀짝 한 모금 마셨다. 그래도 왠지 맛있을 것 같아 목구멍으로 직행했는데 느낌표보다 물음표가 먼저 떠올랐다. 내심 이런 막걸리를 마시면 바로 "와아!" 하고 감탄사를 뱉을 줄 알았다. 예상했던 건 생크림처럼 부드러운 단맛이었는데 의외로 시큼하고 씁쓸한 맛이 강했다.

'뭐지, 맛있는 건가? 아닌가?' 문득 수년 전 와인을 처음 마셨을 때가 떠올랐다. 와인이라는 술을 잘 몰라 비슷하게 생긴 포도주스를 머리에 그리고 마셨더니 쓰고 독하기만 했다. 덕분에 한동안 와인은 입에 대지도 않았다. 와인이 원래 그런 맛이라는 건 다른 술을 몇 번 마셔보고 나서야 알게 됐다. 맛을 안 뒤에 다시 마신 와인은 쓰고 독한 기운 대신 포도 향이 풍성했다. 막걸리도 그랬다. 기준점이 없으니 이게 맛있는 건지 아닌지 도통 알 수 없었다. 내가 쓴 초창기 기사를 다시 읽어보니 맛 표현은 최대한 생략되어 있다. 기가 막힐 노릇이다. '우리술 답사기'라고 하면 어쨌든 술이 주인공인데 기자가 술맛을 모르니 양조장 이야기만 무식하고 성실하게 나열한 것이다.

'술취한 원숭이'는 참 좋은 술이다. 술을 조금 알고 나서 뒤늦게 깨달았다. 크리미한 질감에 목 넘김이 부드럽다. 처음 취재했을 때보다 단맛은 미묘하게 강해진 것 같다. 아마 와인처럼 나중에 술에 숨겨져 있던 단맛 한 조각을 찾은 건지도 모르겠다. 이 술은 단맛이나 신맛이 튀기보다는 밸런스가 좋은 느낌에 가깝다. 손오공이 이 술을 알았더라면 그의 모험이 조금 더 즐거웠을지도 모르겠다. 그럼 진짜로 술 취한 원숭이가 되어버렸겠지. 색이 주는 이점도 크다. 비슷하게 보이는 흰 막걸리 사이에서 새빨간 막걸리는 단연 돋보인다. 언젠가 이모가 '막걸

홍국쌀로 빚은 막걸리 '술취한 원숭이'

리 마니아' 지인이 마셔보지 않았을 것 같은 우리술을 추천해달라기에 이 술을 권하니 색이 예쁘다며 좋아했다고 한다. 기왕 마신다면 유리잔처럼 색을 충분히 즐길 수 있는 잔이 좋다. '술취한 원숭이' 덕분인지 최근에는 색이 있는 쌀을 이용한 술 개발과 출시도 적극적으로 이뤄지고 있다.

우여곡절 끝에 첫 기사를 마무리하고 나니 양조장 취재에 꽤 자신감이 붙었다. 술샘 다음으론 역사만 100년이 넘은 충북 옥천 이원양조장에서 '향수'와 '시인의 마을' 막걸리를 취재했다. 그다음 차례는 요즘 '원소주 클래식' 생산으로 소문난 강원 원주 모월협동조합이었다. 지금도 신선한 시도를 많이 하는 전남 곡성 시향가나 충북 충주의 댄싱사이더도 있다. 취재한 양조장이 70곳이 넘었을 때 취재한 양조장 리스트를 정리해보니 초보 주제에 알짜배기만 잘도 찾아다녔다. 술은 모르지만 다행히 보는 눈은 있었구나 싶어서 내심 안심했다.

하지만 운 좋게 좋은 양조장을 찾아갔어도 취재는 또 다른 문제였다. 현장에서 대표들이 설명해주는 내용의 절반도 알아듣지 못했고, 기사 속 맛 표현은 늘지 않았다. 일을 마치고 그날 들은 단어 중 헷갈리는 건 꼭 찾아봤는데, 온라인에서 우리술에 관한 정확한 정보를 얻기는 쉽지 않았다. 예를 들어 포털사이트에 '이양주'를 검색하면 "두 번 담근 술"이라고 나오는데 왜 술을 한 번이 아니라 두 번 담그는지, 두 번 담근 술에는 어떤 특징이 있는지 제대로 설명하질 않는다. 어떤 술은 우리 누룩을, 다른 술은 일본 누룩인 입국을 쓴다는데 이게 무슨 차이인지도 알 수 없었다. 얻을 수 있는 정보가 적다 보니 양조장 설비는 그저 기계 덩어리처럼 보였고, 대표들이 자랑하듯 보여주는 '누룩방'의 가치조차 제대로 느끼기 어려웠다. 비슷비슷한 기사만 찍어내듯 생산하는 기분이라 괜히 맡았나 하는 부담이 느껴질 무렵, 취재 차 찾아간 서울 압구정의 국내 최대 규모 전통주점 백곰막걸리에서 전통주도 소믈리에 과정이 있다는 사실을 우연히 알게 됐다.

전통주 소믈리에 수업

취재를 시작한 지 1년이 지났을 때였다. 그간 양조장을 취재하면서 답답했던 부분을 해소하고 싶은 마음이 컸다. 3개월간 금요일을 반납하며 한국가양주연구소에서 3시간씩 수업을 들었다. 친구들과 모이길 좋아하는 성격에 '불금'을 공부로 불태워야 한다는 게 쉬운 일은 아니었지만, 드디어 술에 관해서 뭔가를 노력해본다는 기대감이 더 컸다. 주량은 약해도 어쩌면 술과 조금 친해질 수 있지 않을까 싶었다.

전통주 소믈리에 수업은 예상외로 수강생이 꽤 많았다. 남녀 비율은 비슷했고, 나이는 제각각이었다. 그래서 서로를 부르는 호칭은 '선생님'. 전통주점에서 일하는 선생님, 보틀숍이나 양조장 창업을 꿈꾸는 선생님, 취미로 자격증을 수집하는 선생님 등 목표가 제각각이었다. 첫 시간에 왜 수업을 듣게 됐는지 자기소개를 하는데 나는 "지금보다 더 좋은 기사를 쓰고 싶다"고 말했다. 전통주 소믈리에 수업은 이론 수업 절반과 시음, 시음평으로 구성되어 있는데 막걸리 만들기나 증류주 내리기를 직접 체험해볼 수도 있었다. 쌀, 물, 누룩으로 술을 빚고 발효시킨 다음 고두밥(전분)을 추가하면 그것이 이양주라는 것. 이양을 하는 이유는 술을 안정적으로 만들기 위해서라는 것. 단양주보다는 이양주가 잔당이 많아 단맛이 더 강하다는 것. 이양주뿐 아니라 삼양주, 사양주, 오양주도 있다는 것. 양조장에 직접 묻기는 머쓱하고 찾아봐도 나오지 않는 지식을 배우니 우리술 자체에 슬슬 재미가 붙었다.

이론을 알아가는 것도 재미있었지만 내게 가장 큰 영향을 준 건 아무래도 같이 수업을 들은 '선생님들'이다. 수업에 참여하는 선생님들은 내가 그동안 알지 못했던 우리술에 열정을 불태웠고 진심으로 술을 사랑했다. 이들은 이름 모를 술을 척척 알았고 마셔본 술에 대한 다채로운 시음평을 공유했다. 그간 실체 없는 독자를 위해 쓴 글이, 어쩌면, 내 기사가 꽤 괜찮은 기사가 되면, 이런 멋진 사람들에게 읽히겠구나 싶었다. 멋모르고 쓴 기사에 죄의식이 슬금슬금 밀려왔다.

3개월 뒤 전통주 소믈리에 자격증을 취득했다. 기사 맨 뒤에 붙는 바이라인, 그러니까 기자의 이름과 이메일이 적힌 부분에는 괄호 치고 '전통주 소믈리에'라는 표기가 붙었다. 전통주 소믈리에 과정을 들으며 맨 처음 했던 일은 지난 1년 동안 취재한 양조장에 문자를 써서 보낸 것이다. 대표들에게 여전히 술 기사를 쓰고 있고 전통주 소믈리에 수업을 듣기 시작했다는 근황을 전하며 이런 문구를 덧붙였다.

"그간 취재에 부족함이 많았습니다. 감사드립니다."

지금도, 여전히

누군가 기자는 저주받은 직업이라고 했다. 어젯밤에 쓴 글도 내보이길 꺼리는 게 인간인데 글을 쓰는 직업이라서 매일 '흑역사'가 박제된다. 고등학교·대학교 학보사부터 언론사까지, 기사를 쓰기 위해 달려온 길들, 그 과정에서 만들어진 허물들이 온라인 세상을 슬쩍 뒤져만 봐도 나온다. 우리술을 깊이 사랑하는 사람이 이렇게 많은데 그 세계를 얕게 본 게 아닐까. 할 수 있는 게 글을 써내는 것밖에 없어서 근황 보고를 가장한 서툰 사과문을 양조장에 보낸 것이다.

반응은 즉각 왔다. 공부까지 해서 좋은 기사 써주니 고맙다는 말, 양조장 지나가는 길에 차라도 마시게 꼭 들르라는 당부, 앞날을 응원한다며 신상 술을 보내준 곳도 있었다. 양조장은 워낙 바쁜 곳이니 답장이 없거나 느려도 그러려니 한다. 이미 '술알못'에게 작업하는 공간을 선뜻 보여주고 소개해준 것만으로도 넘치는 고마움을 느꼈다.

그렇게 4년째 술 기사를 쓰고 있다. 누룩을 더 알고 싶어서 우리술 제조관리사 3급 자격증도 땄다. 이젠 누가 시키지 않아도 주말이면 새로운 양조장을 찾아 떠난다. 이거 진짜로 술 전문 기자가 됐다. 술은 한 잔도 못 하면서. 술이 싫어질 법도 한데도 말이다.

여전히 술은 못 마신다. 옆으로 다가와 "술 진짜 못 마시네요!" 해도 괜찮다. 누가 어떻게 술 전문 기자가 됐냐고 물으면 또 그러겠지.

"그니까 말이에요. 그게 어떻게 된 거냐면요…."

취하기 전에 알아야 할
우리술 상식 1

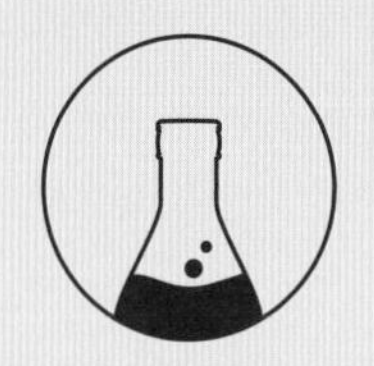

우리술이 대체 뭘까?

우리술이라는 말은 꽤 넉넉하다. 이 책에서 '전통주' 대신 '우리술'이라고 쓰는 것도 그 때문이다. 전통주는 주세법상 포괄하는 술의 범위가 제한적이고 아직도 '명절 선물주' 정도로 인식되고는 한다. 우리 농산물로 만든 우리술이 명절 선물 후보로 반짝 소비될 것이 아니라 마땅히 일상에서 숨 쉬듯 소비됐으면 하는 바람이 있다. 업계에서도 이 부분을 고심하며 '한국술' '한주' 등의 표현을 논의하고 있다.

이 책에서는 주세법상 전통주를 포함한 우리 문화로서 향유하는 모든 술을 통틀어 '우리술'로 정의했다. 우리술의 세계는 생각보다 광활하다. 주세법상 전통주는 아니지만 소규모 양조장에서 독특한 재료를 넣어 만든 술이 있는가 하면, 쌀이나 감자 같은 우리 농산물로 만든 맥주도 있다. 외국산 원재료로 만든 캔 막걸리는 미국 뉴욕에서 100만 캔이 팔리며 '막걸리(makgeolli)'의 위상을 세계에 널리 알렸다. 비록 재료는 외국산이지만 '우리술'이라고 불리기에 부족함이 없다.

전통주 등의 품질 향상과 산업진흥에 필요한 사항을 규정한 '전통주 등의 산업진흥에 관한 법률(전통주산업법)'에 따르면, 전통주는 크게 '민속주'와 '지역 특산주'로 구분된다.

민속주

1. 국가·시·도의 무형문화재 보유자가 제조한 술. 그중에서도 국가무형문화재로 지정된 술은 아래 세 종류다.

- **면천두견주:** 충남 당진 면천두견주보존회 | 18도 | 누룩, 찹쌀, 멥쌀로 빚은 약주로 '두견화'라고 불리는 진달래꽃을 넣었다. 감칠맛과 단맛이 특징.
- **문배술:** 경기 김포 문배주양조원 | 23·25·40도 | 수수, 메조로 빚는데 술에서 돌배 향이 은근하게 감돈다. 23도, 25도는 쌀을 첨가한다.
- **교동법주:** 경북 경주 경주교동법주 | 17도 | 경주 최씨 집안에서 대대로 빚는 술(가양주). 예전에는 빚는 시기와 방법이 정해져 있어 '법주'라는 이름이 붙었지만 현재는 술을 빚는 시기가 따로 없다.

2. 식품명인이 국산 농산물로 만든 술로 그 종류가 24개다.(2023년 기준) 아래 술은 각 지역의 무형문화재이기도 하다.

- **이강주:** 전북 전주 이강주 | 19도 | 조정형 명인이 빚는 술(리큐르)로, 조선시대 때부터 빚어온 명주로 손꼽히며 배, 생강, 꿀이 들어간다.
- **송화백일주:** 전북 완주 송화양조 | 38도 | 조영귀 명인(벽암 스님)이 빚는 술로, 술보다 약에 가깝다는 말이 있다. 소줏고리로 내린 술에 송홧가루를 넣어 100일 이상 숙성시킨다.

- **감홍로:** 경기 파주 감홍로 | 40도 | 이기숙 명인이 빚는 술(일반증류주)로, 여러 약재를 넣고 증류한다. 한복 치마 같은 병 모양이 특징.
- **솔송주(송순주):** 경남 함양 솔송주 | 13도 | 박흥선 명인이 빚는 약주로 솔잎, 송순 등이 들어간다. 이를 증류한 리큐르인 '담솔'도 있다.
- **우희열의 한산소곡주:** 충남 서천 한산소곡주 | 18도 | 우희열 명인이 빚는 약주로 찹쌀, 멥쌀 외에도 야국, 메주콩이 들어간다. 서천에는 한산소곡주를 빚는 집이 70곳이 넘지만, 명인이 빚는 술은 한 곳이다.

지역 특산주

농민이나 농업법인 등 농업·어업경영체 및 생산자 단체가 직접 생산하거나, 주류 제조장 소재지 혹은 인근 지역에서 생산한 농산물을 주원료로 제조한 술. 주세법상 전통주는 온라인 구매가 가능하다.

- **경기쌀막걸리:** 경기 오산 오산양조 | 7.7도 | 오산에서 나는 품질 좋은 '세마쌀'로 빚는 막걸리.
- **시향가:** 전남 곡성 시향가 | 8도 | 전남 곡성의 특산품인 토란을 넣어 만든 막걸리. 토란은 갈변이 쉽고 끈적이는 질감이라 술로 만들기 까다로운 재료다.
- **대담15:** 경남 사천 대밭고을영농조합법인 | 15도 | 세 번 빚은 삼양주에 직접 기른 대나무의 잎을 첨가한 약주.

소규모 양조장

일정 시설을 갖추고 있으나 규모가 작은 양조장에서 생산하는 술. 현재는 탁주, 약주, 청주, 과실주, 맥주만 소규모 주류 생산을 허용하며,

지역 특산주가 받는 인터넷 판매나 세금 감면 혜택은 없다. 대신 지역 특산주와 달리 재료 원산지의 자유도가 높아 도전적이고 새로운 술이 많이 나온다.

- **쑥크레:** 대전 주방장양조장 | 10도 | 쑥을 넣어 빚은 막걸리지만, 쑥 향보다는 리치류의 과일 향이 난다.
- **코리안화이트:** 서울 OTOT술도가 | 7도 | 막걸리에 제주 레몬을 넣어 내추럴 와인의 풍미를 느낄 수 있다.
- **이제:** 서울 페어리플레이 | 5도 | 나주배로 만든 배 발효주인 페리로 달콤하고 청량한 맛이 특징이다.

우리가 흔히 접하는 양산형 막걸리나 토속적 이미지의 술들이 의외로 주세법상 전통주 분류가 아닌 이유는 앞서 말한 세 가지 기준을 충족하지 못했기 때문이다. 반면에 전통주의 기준에 맞는 술은 우리 먹거리로 만든 우리술 소비를 장려하는 차원에서 제조시설 기준 완화, 세금 감면 혜택 등의 지원을 받는다. 2017년부터는 일반 온라인 쇼핑몰 판매가 허용되어 더욱 손쉽게 구매할 수 있다. 이는 전통주 산업 보호와 육성을 위해 법 개정이 이뤄져서다. 실제로 전통주 시장은 온라인 판매 이후 규모가 크게 확대됐고, 집으로 매달 배송되는 전통주 구독 서비스 등 새로운 시장을 여는 계기가 되었다. 사회적 거리두기가 이뤄지던 코로나19 확산 시기에도 온라인 배송이 가능하다는 장점 때문에 주목받았다.

대한민국 대표 술,
초록병 소주는 왜 전통주가 아닐까?

1965년, 식량난 극복을 위해 양곡관리법이 시행되면서 곡식이 많이 필요한 증류식 소주 생산이 금지되고 희석식 소주만 만들 수 있게 되었다(이 법은 무려 1990년까지 이어졌다). 우리에게 익숙한 희석식 소주들이 바로 이 역사 속에서 탄생했다. 쌀, 타피오카, 감자, 고구마 등 전분을 함유한 재료로 빚은 술을 대규모 증류 시설에서 증류해 순수 에탄올(주정)을 뽑아 이를 물과 감미료를 섞어 희석하면 우리가 아는 그 소주가 된다. 희석식 소주는 국내에서 생산하지만 만드는 방식과 재료의 원산지가 법이 정한 전통주와는 거리가 멀다.

3

계획변태 'J'와 전통주 가격

#복순도가손막걸리 #나루생막걸리

#서울양조장_서울골드 #조지아_사페라비_치난달리

#남한산성소주_더마스터스컬렉션 #솔송주_명품특선40도

친구들 사이에서 내 별명은 '계획변태'다. 그만큼 계획 세우는 걸 좋아한다. MBTI로 말하면 '쌉 J(제이)'다. 처음 MBTI가 유행했을 때 얼마나 기뻤는지 모른다. 누구는 MBTI가 사람을 16가지로만 분류한다고 투덜거리지만, MBTI가 유행한 이후 나는 내 성격에 대해서 깊은 고찰을 하게 됐다. 가장 좋은 점은 남들이 계획을 세우지 않는 이유와 즉흥적으로 행동하는 이유를 알게 된 것이다.

J의 행복

소신 발언을 해보자면, 실은 나는 여행 가는 것보다 계획 세우는 걸 좀 더 좋아한다. 계획 세울 땐 한 곳을 가더라도 관련 글 100개는 읽어야 확정하는 편이라서다. 수많은 여행기 가운데 내가 가고 싶은 장소를 고르고, 동행과 이견을 조율하는 과정을 즐긴다. 막상 여행지에 가면 가기 전보단 기분이 그저 그렇다. 그저 남들이 내가 짜둔 일정을 좋아하는 모습에 소소한 행복감을 느낀다. 가족 여행으로 미국 괌에 갔을 때도 그랬다. 유난히 여행 취향이 까다로운 엄마와 이모의 여행 입맛에 맞추려고 계획을 '플랜D'까지 짜놔 여행 스케줄이 나올 즈음에는 이미 괌을 머리로는 다섯 번 간 사람이 돼 있었다. 이모가 "괌에 갔더니 음식이 다 입에 맞더라"라고 기뻐했을 때는 속으로 좋아했다. 그럴 거면 뭣하러 여행을 가느냐고 물으면 실은 할 말이 없다. 퍼즐 맞추기처럼 머릿속에 있던 계획이 착착 진행됐을 때의 그 쾌감을 어떻게 설명해야 할까. 그저 사람들이 내 계획에 만족한다면 그만한 기쁨도 없달까. 그래서인지 혼자 여행을 가면 아무 생각 없이 기껏 수영장 딸린 호텔을 잡아놓고 스마트폰으로 게임이나 하면서 심심하게 누워만 있는 편이다.

갑자기 나의 성향을 줄줄 고백한 이유는 전통주 소믈리에로서 남들에게 술을 추천할 때도 '계획변태'가 된 기분이라서다. 단순히 "좋은 술 좀 추천해주세요"보다는 "이 정도 가격대의 술을 생각 중인데 뭐가 있을까요?"라고 물으면 더 신나게 대답할 수 있다. 비슷한 예로 친구들이 다른 친구에게 줄 선물을 같이 고르는 것도 좋아한다. 상대는 말도 하지 않았는데 리스트를 잔뜩 뽑아서 가져다주기도 한다. 그리고 문제의 그날은 유난히 예산이 컸다.

"외국에서 곧 손님이 올 것 같은데 선물용 전통주를 추천해주실 수 있나요?"

예전에 내게서 전통주 강의를 들은 한 남자분이 물었다. 자신의 매형네 가족이 프랑스에서 상견례를 오는데 전통주를 선물하고 싶다는 의뢰였다.

"좋죠! 예산이 어느 정도인데요?"
"100만 원이요."

100만 원이라는 예산에 맞춰 신나게 고를 생각에 들떴다. 잘만 하면 외국 손님에게 우리술의 매력을 제대로 알릴 기회가 아닌가. 그런데 기쁨도 잠시, '우리나라에 100만 원짜리 술이 있던가?'라는 생각이 머릿속을 스쳤다.

합당한 막걸리 가격

100만 원짜리 술 이야기를 하기 전에, 일단 우리술의 가격부터 짚고 넘어가자. 우리나라에서 '프리미엄 막걸리'가 유행한 건 고작 10여 년밖에 안 됐다. 그 시작은 2009년 '자희향'과 2010년 '복순도가 손막걸리'였다. 요즘은 워낙 MZ세대들이 많이 소비해주는 덕에 프리미엄 막걸리가 대중화됐지만, 여전히 막걸리는 1000원짜리 술이라고 생각하는 사람도 많다. '막걸리는 서민의 술'이라는 이미지 때문에 다른 주종보다 가격 저항이 심한 편이다. 아마 지역에서 양조장을 운영하는 분들은 프리미엄 막걸리를 내고 동네 어르신에게 욕먹어본 경험이 있을 것이다.

막걸리가 비싸진 이유는 뭘까. 원료비 때문이다. 한국농수산식품유통공사(aT)의 '2020년도 주류산업정보 실태조사'에 따르면, 전통주 업체의 영업비용 중 가장 큰 비중을 차지하는 것이 원료 구입비(47.1%)였다. 그만큼 막걸리 가격을 크게 차지하는 것이 원료 가격이다. 과거 1000원짜리 막걸리가 대세였던 시절엔 모두 외국산 쌀을 쓰거나 뻥튀기 쌀인 팽화미, 또는 밀가루 같은 저렴한 재료로 막걸리를 만들었다. 산업화 시대에는 쌀이 부족해 술을 빚지 못하게도 했다. 최근 들어 좋은 쌀로 막걸리를 만들어야 한다는 인식이 커지면서 막걸리 가격도 덩달아 오른 것이다.

이게 또 이상한 게, 우리술이 비싸다는 인식은 비단 1000원 막걸리 세대만 가지고 있는 아집만은 아니다. 우리술을 왜 안 마시냐고 물어보면 좋아하는 것에 돈 잘 쓰는 2030세대들도 "너무 비싸다"고 한다. 왜 비싸다고 느낄까. 내가 가끔 가는 전통주점이 있다. 거기 가면 나는 '나루생막걸리'만 시킨다. 그곳에 있는 우리술 가운데 유일하게 1만 원대에 시킬 수 있는 술이라서다. 슈퍼에서 1만 원에 파는 막걸리라면 전통주점에서 3만~4만 원은 받는다. 전통주의 가치를 인식하고 있는 사람조차 망설여지는 가격인데, 과연 일반 소비자에게 이 가격이 설득될까. 와인 바에서 와인이 6만~7만 원이라는 건 당연히 이해하지만, 우리술이 그 정도 가격이라는 건 아직 납득하지 못한 것이다.

출고가 11만 원의 ‘해창막걸리 18도’

100만 원짜리 술을 찾는 일은 생각보다 쉽지 않았다. 우리나라 술 중에서 비싼 술 하면 제일 먼저 떠오르는 18도짜리 ‘해창막걸리’의 출고가가 약 11만 원이다. 이 막걸리의 별명이 ‘롤스로이스 막걸리’였다. 전남 해남 해창주조장 오병인 대표의 자동차가 롤스로이스이기 때문에 막걸릿병에도 이를 그린 것인데, 상표권 문제로 지금은 롤스로이스라는 이름이 빠지고 ‘해창막걸리 18도’가 되었다. 이 술은 출시 직후 많은 관심과 함께 대중의 집중 포화

110만 원의 ‘해창막걸리 아폴로’

를 맞았다. 막걸리가 11만 원일 이유가 있느냐는 것이었다. 하지만 노이즈 마케팅 때문인지 구할 수도 없을 만큼 인기가 치솟았다(이 술을 금이 박힌 도자기 병에 담은 '해창막걸리 아폴로'의 출고가는 110만 원이다).

또 다른 비싼 술은 서울양조장에서 만든 '서울골드'로 '해창막걸리 18도'보다 더 비싼 19만 원이다. 다섯 번 담금한 오양주에 쌀가루 흩임 누룩 방식으로 제작한 '설화곡'으로 빚은 술이다. 이 술 역시 뜨거운 반응에 힘입어 용량을 늘린 25만 원짜리 제품이 이벤트로 나오기도 했다.

서울양조장의 프리미엄 막걸리 '서울골드'

와인은 되고 막걸리는 안 되나

이번엔 와인을 살펴보자. 예전에야 한국 와인 하면 떫은 포도주 정도의 취급을 받았지만 요즘은 한국적인 색을 잃지 않으면서도 와인 구색을 갖춘 제품이 많다. 여러 품종의 포도 외에 사과, 단감 등 다양한 과실로 와인을 만든다. 기대감이 낮기 때문일까. 의외로 깜짝 놀랄 만큼 맛있는 와인이 많다. 그러나 이 또한 가격이 10만 원 이상인 게 드물다. 온라인 보틀숍에서는 가장 비싼 한국 와인이 7만 원 선이다. 현재 우리나라에서 가장 비싼 와인은 충북 영동 샤토미소에서 만든 '샤토미소 퀸 샤인머스켓'이 10만 원(375㎖ 기준), 경북 문경 오미나라에서 만든 '오미로제 결'이 16만 원(750㎖ 기준)이다. 비싼 와인이라고 해봤자 웬만한 샴페인 가격에도 미치지 못하는 것이다. 이유는 뭘까. 한국 와인 시장 확산에 앞장서고 있는 최정욱 와인 소믈리에에게 물었다.

"프랑스나 이탈리아처럼 와인 강국에서 볼 수 있는 고가 와인은 브랜드 인지도도 상당하고, 20~30년 숙성된 술들도 있어요. 이 술들은 숙성도에 따라서 가치를 인정받아요. 한국 와인의 경우에는 그 시작을 2000년대로 봤을 때 아직 브랜드 인지도가 약하고, 숙성도를 제대로 평가받을 만큼 시간도 쌓이지 않은 거죠. 조만간 20만~30만 원대 와인은 등장할 수 있지 않을까 기대하고 있습니다."

역시 시간이 문제일까. 와인의 발원지라고 불리는 조지아의 '사페라비'나 '치난달리' 같은 대표 와인들은 기본적으로 1800년대부터 시작한다. 가령 스카치위스키도 첫 주류 면허가 '더글렌리벳'이 받은 1824년이 아니던가. 우리술 역시 역사성으론 어디 가서 밀리지 않지

'남한산성소주 더마스터스 컬렉션'
가격 1200만 원. ©남한산성소주

만, 일제 강점기와 산업화 시대를 거치면서 기존의 술 문화들이 완전히 붕괴됐다. 지금의 막걸리, 한국 와인, 증류식 소주 문화가 제대로 평가받으려면 더 오랜 시간이 필요하다는 의미다.

가격 선정의 기준이 모호한 것도 문제다. 원재료비만 따지기엔 더 비싼 재료가 많다. 특히 쌀은 원재료 자체가 아주 비싸진 않다. "위스키가 왜 비싸냐"라는 질문에 어떤 책에선 이런 답을 내놨다. "위스키는 다른 증류주보다 오래 숙성시키고 그 과정에서 상당량이 증발한다"고. 이 대답은 단순히 복잡한 공정을 설명하는 게 아니다. 또 위스키의 원재료인 몰트가 비싼 것도 아니다. 우리와 다른 점은 서양인들은 이미 위스키가 비싼 이유와 기준을 제대로 정립해놨고, 모두가 동의하고 있다는 거다. 그래서인지 스코틀랜드에서는 맥켈란이 한 잔에 1400만 원짜리 위스키를 팔아도 욕먹지 않는다. "그렇게 비싼 위스키가 있어?" "이걸 누가 사먹어?"라고 놀랄 뿐이다. 우리처럼 동네 어르신이 양조장까지 쫓아와서 멕켈란이 지역 위스키 다 망친다고 소리를 지르는 상황이 아니라는 뜻이다.

찾아보니 우리술 가운데도 비싼 술이 있었다. 2022년에 1200만 원짜리 '남한산성소주 더마스터스 컬렉션'이 등장했다. 장기간 숙성된 '남한산성소주 47도'에 경기도 무형문화재 4인, 작가 1인이 협업한, 그야말로 '작품'이다. 경남 함안 솔송주에서 내놓은 '솔송주 명품특선 40도'도 있다. 목각함에 도자기 병인 궐어문병 분천사기에 담긴, 16년간 저온 숙성된 '솔송주'로 가격은 120만 원이다.

이런 고가의 전통주는 아직 시장에 많지 않다. 우리 시장도 박리다매로 싼 술을 팔아 이윤 남기는 단계는 지났다고 생각한다. 사람들도 서서히 비싼 막걸리의 가치를 알아가고 있다. 다만 젊은 세대를 넘어 막걸리를 1000원짜리 술로 알고 있는 중년 소비자에게도 이를 납득을 시켜야 할 것이다. 국산 농산물만 사용하면 주세를 깎아주는 제도도 고려해볼 만하다. 현재 양조장이 있는 지역이나 인근 지역 농산물을 쓰면 주세를 깎아주는 지역 특산주 제도가 있지만, 이를 확대하면 어떨까. 혜택을 보고 시장에 뛰어드는 사람이 많아지면 자연스럽게 규모가 커지고 가격도 낮아지지 않을까. 얼마 전에 쓴 기사에서 어떤 사람이 "막걸리는 2000원 넘어가면 안 마신다"고 굳은 결심을 하듯 댓글을 단 걸 보고 착잡해졌다. '막걸리는 1000원'에서 두 배로 오른 걸 좋아해야 하나.

100만 원짜리 의뢰는 어떻게 됐냐고? 결국 마땅한 술을 찾지 못해 비싼 술을 여러 병 소개해주는 것으로 갈무리했다. 놀라웠던 건 10만 원만 넘어가도 홈페이지에 품절이라고 뜨거나 구할 수 없는 게 대부분이고, 사실상 구매가 가능한 건 7만~8만 원대 전통주였다. 우리도 언젠가 한 잔에 1400만 원짜리 전통주가 나올까. 계획변태는 남모르게 큰 그림을 그려본다.

치 즈
맥 주
소주 없음
WINE
BEER
coffee
Sipboon

4

전통주도 소믈리에가 있다

 # 술_자격증 #전통주소믈리에 #조주기능사 #한국가양주연구소

 # 한국국제소믈리에협회_KISA #스카치위스키_Ledaig2005_Great Dram

 # 포터맥주 #넷플연가 #시음노트

전통주 소믈리에라고 소개하면 일단 고개를 갸웃거리는 사람이 많다. 그리고 어김없이 이어지는 질문.

"그러니까 진짜 소믈리에가 아니고 전통주 소믈리에라는 거죠?"

여기서 '진짜' 소믈리에는 와인 소믈리에를 뜻한다. 결론부터 말하자면 와인 소믈리에도, 전통주 소믈리에도 '진짜' 소믈리에다. '척척박사'는 진짜 박사가 아니지만 전통주 소믈리에는 진짜 소믈리에가 맞다.

전문적으로 마시는 사람들, 소믈리에

술을 맛보고 감별해 여러 사람에게 상황에 맞게 추천해준다. 와인 소믈리에는 와인을, 전통주 소믈리에는 탁주, 약주, 증류주 같은 우리술을 취급한다. 소믈리에도 자격시험을 봐야 한다. 자격증 시험은 크게 국가 자격증과 민간 자격증으로 나뉘는데, 술 관련 국가 자격증은 현재 조주기능사가 유일하다. 와인 소믈리에나 전통주 소믈리에 모두 민간 자격증에 해당한다. 와인 소믈리에의 경우 발급해주는 기관이 수십 곳이라고 한다. 자격증의 높고 낮음이나 유무를 따지기보다는 그 사람의 경력과 전문성을 봐야 한다는 의미다.

전통주 소믈리에 자격증을 발급해주는 대표적인 곳은 전통주 교육기관인 한국가양주연구소와 (사)한국국제소믈리에협회(KISA)다. 나는 전자인 한국가양주연구소에서 자격증을 취득했다. 약 3개월 동안 36시간의 교육을 받으며 이론과 실기를 배운다. 이론 수업에서는 역사, 용어, 재료, 만드는 법 등 우리술에 관련된 여러 기본 지식을 습득한다. 우리술에 대한 정보는 온라인에서 찾기 어려워서 이때 배운 지식이 기사를 쓸 때나 술을 공부할 때 많은 도움이 됐다. 실기 수업에서는 다양한 우리술을 주제에 따라 3~6종 블라인드로 마셔보고 관능 평가를 시음지에 적어 발표한다. 술이 약한 탓에 마음껏 맛볼 수 없어 늘 난처했기에 적은 양을 집중력 있게 마시는 연습을 열심히 했다. 물론 아무리 적게 마셔도 언제나 반에서 혼자 얼굴이 벌겋게 물들곤 했다.

자격증 시험은 필기시험과 실기시험으로 이뤄진다. 필기시험에선 이론 수업 때 배운 객관식 문제가 나온다. 실기시험에선 술맛만 보고 원재료의 곡물이나 해당 증류주가 상압식인지, 감압식인지 구분하고, 또 술의 살균 여부를 알아내야 하기도 한다. 문제는 매년 달라진다.

듣기만 해서는 어떻게 구분하나 싶지만, 수업 시간에 자주 마시고 시음평을 나누면 차곡차곡 훈련되어 아주 어렵진 않다. 나는 시험을 잘 보고 싶은 욕심에 시험 전 여러 종류의 곡물 막걸리를 사서 혼자 연습하거나 증류주를 놓고 친구들과 자체 블라인드 테스트를 해봤다. 평소 성실하게(?) 술을 마신다면 누구나 도전해볼 만한 시험이다.

전통주 소믈리에의 인지도는 아직 한참 모자라지만, 2018년 연예인 정준하 씨가 전통주 소믈리에 자격증을 취득한 후로 조금씩 관심을 가지는 모양새다. 매년 능력 있는 소믈리에들이 나오고 있고 요즘은 주류 판매점이나 고급 한식당, 양조장에서 일하는 모습도 보인다. 물론 취미를 더 멋지게 즐기려고 자격증을 취득한 사람들도 있다. 이 기세라면 조만간 전통주 소믈리에의 인지도도, 설 자리도 늘어날 것이다.

"술도 못 마시고 숙취도 모르는데 술맛을 알기나 하겠어? 차라리 내가 더 잘 알겠다."

꽤 많은 사람에게 이런 말을 들었다. 주량이 적다는 이유로 소믈리에로서 전문성을 의심받은 적이 많다. 그런 주당들의 마음도 이해는 된다. 경험은 나만의 기준을 만든다. 그래서 대개 술꾼들이 맛 표현을 잘한다. 많이 마셔보고, 경험해서다. 이 차이를 결코 무시할 수 없다. 그래서 나도 여러 가지 술을 경험해보려 노력하고 있다.

그 노력은 곧 결과로 나타났다. 회사에서 '술 못 마시는 소믈리에(술못소)' 유튜브를 찍을 때 주당으로 소문난 회사 선배들과 함께 지역소주 블라인드 테스트를 했다. 냄새만 맡고 전통 소주와 희석식 소주를 구분하고, 또 전통 소주는 지역까지 맞추는 거였다. 내가 맛본 소주들을 모두 구분해내는 걸 보고 선배들도 깜짝 놀라고, 나도 속으로 놀랐다. 전통 소주와 희석식 소주를 구별하기는 생각보다 쉽다. 희석식 소주에선 곡물 향이 전혀 느껴지지 않기 때문이다. ‘불금’을 포기하며 공부한 나날이 헛되지 않아 다행이었다. 이후 우리술제조관리사 자격증을 땄고, 최근엔 조주기능사 자격증 도전에 나섰다.

우리, 술로 시를 써요

표현은 중요하다. 추천을 하려면 맛을 보고, 전달을 하려면 표현을 해야 할 게 아닌가. 한국가양주연구소 동기들과 오랜만에 맥주를 마시러 갔을 때였다. 그날도 어김없이 맛 표현에 대한 주제가 화두로 떠올랐다. 각자 맛을 표현하는 자신만의 '꿀팁'을 공유했다. 그때 맥주 업계에서 잔뼈가 굵은 이인기 비어바나 대표가 흑맥주의 일종인 포터 맥주를 마시면서 이런 말을 했다.

"지금 밤하늘을 보세요. 저게 포터네!"

비가 올 듯 말 듯 후텁지근한 여름밤. 야근을 마치고 허겁지겁 달려간 술집 옥상에서 쌉싸래한 포터 한 모금을 시원하게 들이켜다 문득 올려다본 하늘. 포터 맥주는 영국의 노동자들이 마시던 술이라고 한다. 7시간이나 시차가 나는 저 먼 나라 어느 골목에서도 같은 하늘을 바라보며 포터를 마시고 있진 않을까. 삭막한 도시에서 살아가는 현대인의 마음 깊숙한 곳에서 낭만을 가득 퍼 올리는 맛 표현이었다. 이어 그는 내게 노하우를 전했다.

"저는 동료들과 함께 시음하면서 맛 표현 같은 대화를 충분히 공유해요. 긴 시간 동안 시음평을 나누다 보면 신기하게 실력이 늘더라니깐. 그리고 시집을 읽는 게 꽤 도움이 돼요. 시인들만큼 표현을 잘하는 사람이 없거든."

시집을 읽어보라거나 주변 사람과 시음평을 공유하라는 조언도

일리가 있다. 내 경우엔 외국 잡지를 읽기도 한다. 외국 잡지엔 국내와 또 다른 재미있는 비유가 참 많다. 근래엔 위스키 잡지를 읽었는데 스카치위스키 중에서 'Ledaig 2005' 제품엔 이런 표현이 있었다.

"팔레트에 채워진 목탄의 향기다, 나의 할아버지의 창고가 생각난다, 아주 오래된 차를 정비했을 때 맡을 수 있는 자동차 오일과 금속 냄새."

또 스카치위스키인 'Great Dram'의 시음평엔 이런 구절이 있었다.

"봄과 같은 여름 날씨에 정원 한가운데로 들어간다. 화분이 나를 둘러싸고 있고 그곳엔 라벤더와 헤더가 있다. 반대편엔 건초가 쌓여 있다. 술에서 느껴지는 약간의 짠맛은 해초를 씹는 것 같다."

전혀 모르는 증류소에서 만든 술인데도 대충 어떤 술인지 감이 온다. 마셔보진 않았지만 아마 'Ledaig 2005'은 드라이한 맛에 나무나 시가 계열의 스모키한 향이 나는 술일 거다. 반대로 'Great Dram'은 향긋하고 어쩌면 조금 단맛이 도는, 목 넘김이 가벼운 위스키인가 보다. 듣기만 해도 도수가 그려진다. 찾아보니 앞선 위스키는 58.1%, 뒤의 것은 48.2%다. 성공적인 시음평이 아닌가.

괜찮은 시음평을 읽어보면 단순히 술에 대한 느낌만이 아니라 원재료, 술, 그리고 만드는 이의 모든 것을 함축하고 있을 때가 많다. 또 이 술을 마셨을 때 어울리는 시간이나 공간을 기가 막히게 잡아낸다. 좋은 시음평은 관찰력과 상상력이 필요하다. 전통주 소믈리에 자격증을 따려고 공부하면서 맛을 표현할 때 생각나는 도형을 그려보라는 과제를 받은 적이 있다. 어떻게 그리지? 이 소주는 매콤하니까 뾰족한 삼각형? 아니면 이 막걸리는 사랑하는 사람과 함께 마셨으니까 하트? 별거 아닌데도 이런 상상을 하며 머릿속에 술맛을 쌓아간다.

이럴 때 추천하는 게 시음 노트 작성이다. 소셜 모임 네트워크인 넷플연가에서 우리술 모임을 진행할 때도 시음 노트 쓰는 시간을 가졌다. 여러 종의 술을 함께 마셔보고 준비한 시음 노트에 자기 생각을 작성한 다음, 이를 주변 사람과 나누는 것이다. 시음은 함께 의견을 나눌수록 풍성해진다. 마시는 사람이 저마다 한 줄씩만 말해줘도 술에 관한 책 한 권이 될 수 있다. 최근 모임에서는 어떤 분이 쌀로 만든 약주를 마시고 신화 속 이야기까지 꺼내 놀랐던 적이 있다.

"이 술은 이카로스의 날개 같아요. 이카로스의 날개는 인간 최초의 비행이자 욕망의 상징이잖아요. 우리술의 맛이 이 정도인 줄 몰랐어요. 그런데 라벨을 보니까 '쌀, 물, 누룩' 세 가지만 쓰여 있더라고요. 이카로스의 날개를 오로지 깃털과 밀랍으로만 만든 것처럼요."

그렇다. 이게 맛과 향 표현의 가장 좋은 방법! 바로 시음평을 공유하는 것. 술자리가 존재하는 이유! "이 술은 달아서 내 취향이야" "나는 신 술은 못 마셔" 같은 단순한 시음평도 좋지만, 술을 마시다가 할머니와의 추억을 꺼내놓고, 이름 모를 열대 과일의 이름을 내뱉을 때도 있다. 남이 맛있다고 하면 내 취향이 아닌 술도 한 모금 더 마셔보고, 또 기상천외한 재료가 생각난다고 하면 진짜 그 맛이 나는지 혀로 샅샅이 술을 분해해 수색해보기도 한다.

표현에는 정답이 없다. 어떤 날은 무수한 경험의 축적과 연습으로 쌓은 전문성도 환영이고, 또 어떤 날은 느낀 그대로 날것으로 하는 말이 가슴에 꽂히기도 할 것이다. 놓인 상황에 따라 가장 알맞은 표현을 해내는 것, 그게 가장 좋겠다. 사람들은 누구나 저마다의 시(時)가 있으므로.

취하기 전에 알아야 할
우리술 상식 2

우리술
더 맛있게 즐기기

알고 마시면 더 맛있는 우리술! 한 모금을 마시더라도 더 맛있게 먹자. 고르기부터 마시는 방법까지 단계별로 도전해보자.

1단계. 뭘 보고 골라야 할까?

'술의 첫인상'이라고 할 수 있는 라벨에는 생각보다 많은 정보가 담겨 있다. 외국에는 라벨만 수집하는 사람이 있을 정도다. 라벨은 시선을 끄는 역할도 하지만, 더 중요한 임무는 뒷면에 담겨 있다. 그 술에 대해 아는 척하고 싶다면 라벨의 뒷면부터 살피자. 술에 대한 이해가 한층 더 높아질 것이다. 라벨을 보면 다음과 같은 내용을 알 수 있다.

제품명 / 용량 / 식품 유형(탁주, 소주 등) / 알코올 도수
업소명 및 소재지 / 제조 연월일 / 소비기한 / 원재료명 및 함량
용기 재질 / 보관 방법 / 술 품질 인증 여부 등

2단계. 어떤 술부터 마실까?

술 한 병으로 오순도순 나눠 마신다면 고민하지 않아도 될 문제지만, 여러 종류의 술이 한자리에 놓여 있다면 어떤 술부터 마셔야 할지 고민되기 마련. 이럴 땐 낮은 도수부터, 단술보단 드라이한 술부터 마시는 것이 좋다. 보통 식전주는 도수가 낮으며 가볍고, 산미가 있는 술을 선호한다. 식사 마무리쯤엔 달콤하거나 질감이 무거운 술이 나온다.

- 도수가 낮은 술 → 도수가 강한 술
- 주종이 비슷한 술 → 주종이 다른 술
- 드라이한 술 → 단술
- 향이 약한 술 → 향이 강한 술
- 질감이 가벼운 술 → 질감이 무거운 술

3단계. 어디에 마셔야 할까?

막걸리는 흔히 '양은 잔'에 마신다는 편견이 있다. 물론 양은 잔은 막걸리의 좋은 친구다. 프리미엄 막걸리의 등장 이후 마시는 잔도 많이 달라졌다. 도자기 잔도 있고, 흔들면 소리가 나는 잔도 있다. 가벼운 막걸리는 한입에 담아 넘길 수 있도록 큰 잔에, 질감이 무겁거나 도수가 높은 막걸리는 벌컥벌컥 마시기 어려우니 작은 소주잔에 마시자. 탄산이 있는 막걸리는 샴페인 글라스를 활용하면 기포를 관찰하기 좋고 기분도 낼 수 있다.

맑은술인 약주는 술의 색을 감상할 수 있는 투명한 잔을 추천한다. 약주는 와인잔도 좋다. 소주는 일반 소주잔도 괜찮지만, 곡물 향을 느끼고 싶다면 향이 잘 모이는 튤립 형태의 위스키 잔이 적합하다.

- **막걸리:** 얕은 잔, 도자기 잔, 탄산 있는 막걸리는 샴페인 글라스 등
- **약주:** 색을 감상할 수 있는 투명한 잔, 와인 잔
- **소주:** 소주잔, 위스키 잔

우리술 품질 인증제도

정부가 우리술의 품질 향상과 고품질 술 장려를 위해 2009년부터 도입한 인증제도. 초록색인 '가'형은 품질 인증을 받은 막걸리(탁주), 약주, 청주, 과실주, 증류식 소주, 일반 증류주, 리큐르, 기타 주류임을 보증하고, 금색인 '나'형은 주원료, 누룩, 들어간 농산물이 100% 국내산임을 인증한다.

동그랗고 깨끗한 병영주조장의 누룩

5

오늘도 속 깊은 술 하나가 사라진다

#병영주조장_병영소주 #서상양조장

#경주_교동법주 #삼해주_삼해소주 #삼해주_삼해약주

#3대무형문화재_문배술_면천두견주_교동법주

병영주조장은 제61호 대한민국 식품명인인 김견식 명인이 70년 가까이 술을 빚어온 곳이다. 취재 차 김 명인을 찾아뵙고 기사를 완성한 지 몇 달이 흘렀을까. 문화부 후배들과 우리술의 가치를 저마다의 방식으로 보존하는 사람들에 대한 기사를 준비하며 그를 다시 만날 준비를 하고 있었다. 안부 인사도 전할 겸 혼자서 속으로 그날을 고대하던 중이었다. 하지만 그를 다시 보는 일은 없었다. 취재 계획을 한창 짜고 있던 2023년 6월, 명인의 부고를 전해 들었다. 나는 그의 마지막 언론 인터뷰를 한 기자였다. 기사를 다시 펼쳐보았다. 그날이 내게도 인상 깊었던 걸까. 다른 기사들과는 달리 취재원의 사투리마저 고스란히 담겨 있었다.

소줏고리 앞에서 웃고 있는 김견식 명인

병영주조장

명인은 우연히 술 만드는 일을 시작했다. "집에 먹을 식량이 부족헝게 집안 형님의 집에서 깔땀살이(꼴머슴)를 했다"고 했다. 꼴머슴살이는 하루하루 고되고 힘들었다. 한때는 자신이 기술을 못 배워서 이렇게 고생하며 사나 한탄하는 세월도 있었다. 하지만 그는 술 빚는 일을 놓지 않았다. 1965년 정부가 '양곡관리법'을 시행해 쌀로 만든 술 판매가 금지되고, 농촌에서 도시로 사람이 빠져나가는 이농현상이 발생했다. 술 사먹는 이가 없으니 한때 직원을 20명까지 쓰던 양조장은 크게 기울었다. 배운 게 술밖에 없던 명인은 그때 떠안다시피 양조장 주인이 되었다.

고된 세월도 한때라고, 세월이 흘러 그는 명인이 됐고 그의 술은 세대를 불문하고 이름을 알렸다. 명인은 돌아가시기 전에도 술 관련 박람회에 직접 나서 술을 홍보할 정도로 술에 대한 애정이 남달랐다. 나와 안면을 튼 것도 그때다. 그는 크라우드 펀딩으로 2030세대에게 '병영소주'를 판매하기도 했다. 오크통에서 숙성된 '병영소주'를 낼 계획도 있었다. 아들인 김영희 전수자에게는 "술을 만들 땐 돈 벌려 말라"고 조언한 그다. 내게는 자신은 간단하게 살 세상을 참 복잡하게도 살아간다며 미소를 지었다.

명인의 술, '병영소주'는 수묵화와 닮았다. 담백하고, 굵고, 깊다. 술맛을 보면 더 그렇다. 묵직한 술 한잔에서 명인의 뚝심이 느껴진다. 취재하던 날, 명인은 차 시간에 쫓겨 급하게 취재하고 나서려는 나를 누룩방에 데려가 하나라도 더 보여주려고 하셨다. 그를 따라 들어간 작은 누룩방은 은은한 곡물 향기가 났다. 명인이 직접 빚은, 동그랗고 깨끗하고 구수한 냄새가 나던 누룩을 잊지 못한다. 그는 자신이 키워놓은 자식마냥 누룩을 천천히 쓸었다. 지금 생각해보면 그때 조금 더 자세히 누룩을 살펴볼 걸 후회스럽기도 하다. 나는 그의 85년 인생을 잘 담아낸 게 맞을까. 기사를 읽으면서도 오래 마음이 싱숭생숭했다.

우리술을 취재하니 오래된 양조장을 만나게 된다. 오래된 양조장엔 오래된 술과 세월을 먹은 사람이 있다. 흐르는 시간 속에서 어떤 전통들은 살아나기도, 또 어떤 전통들은 사라지기도 한다. 흰 눈 위에 썼다 지우는 글이 아니기에 흘러가는 그것들을 어떻게든 붙잡으려 발버둥 친다. 내게도 그동안 취재하면서 어쩔 수 없이 놓친 많은 순간이 있다.

서상양조장

경남 남해는 서울에서 꼬박 7시간이 넘게 걸린다. 그렇게 먼 남해에도 양조장이 있다. 남해엔 다랑이논으로 유명한 다랭이마을을 중심으로 양조장이 형성돼 있는데, 바다가 보이는 곳에서 막걸리 한잔하기에 제격이다. 다랭이마을에 취재 일정을 잡아두고 마침 눈에 들어온 곳은 남해 서면에 있는 서상양조장이었다. 술 좋아하는 사람들에겐 이미 입소문 난, 60년 가까운 역사가 숨 쉬는 곳이다. 이곳은 옛날식 막걸리를 만든다. 거칠면서도 달곰하고, 목 넘김이 좋은 막걸리는 질감이 미숫가루와 같다. 이 막걸리를 라벨도 없는 병에 담아 판다. 술을 한 번에 만들어서 어떤 날은 양조장 문을 열지 않을 때도 있다. 이런 곳은 카드도 받지 않는다. 잔뜩 들떠 양조장 번호로 연락했더니 양조장 사장님이 말 그대로 질색하며 거절했다.

"나, 나이 들고 힘들어서 더 이상 양조장 못 해. 하면 얼마나 한다고 취재씩이나. 우리 유명해지는 건 바라지도 않아."

"아휴, 사장님. 기록으로 남기는 것도 의미 있을 수 있어요."

"아니, 나는 싫다니까. 어휴, 뭘 귀찮게 그래. 무릎 아파서 술도 하질 못해. 취재 그거 귀찮기만 하고."

취재는 불발됐다. 그의 말대로 술 만드는 일은 참 힘들다. 아쉬움을 뒤로하고 서상양조장을 다녀왔다는 블로그 글들을 살피는데, "사장님이 츤데레(무심하지만 속은 따뜻한 사람)예요"라고 적혀 있었다. 거절당한 건 잊고 피식 웃음이 나왔다. 블로거들이 술에 대해 설명해달라고 하면 싫다고 하다가 나중엔 오히려 친절하게 알려주고 양조장 구경도 시켜줬다고 했다. 그냥 막무가내로 갈 걸 그랬나 싶었다. 그로부터 두 해가 지나고, 다시금 서상양조장 소식을 들었다. 누가 남해 여행을 간다기에 서상양조장에 들러보라고 추천하니 그랬다.

"거기 양조장 대표님이 연로해서 문을 닫았대요."

지금은 주인 없이 빈 양조장만 덩그러니 남은 상태라고 한다. 한창 양조장이 붐빌 땐 양조장 주인이 건물 뒤편 큰 나무 앞에서 지나가는 손님들을 붙잡고 수다도 떨고 그랬다는데.

경주 교동법주

경북 경주에는 '교동법주'가 있다. '교동법주'는 경기 김포 '문배술', 충남 당진 '면천두견주'와 함께 우리나라 3대 국가무형문화재 술 가운데 하나다. '법주'란 빚는 시기와 만드는 제법이 정해진 술을 뜻한다. 이 술은 경주 최씨 집안의 가양주로 조선 숙종 때 사옹원 참봉(궁중 음식 관장)을 지낸 최국선이 경주로 돌아와 빚기 시작했다고 전해진다. 그 후 집안에서 300년 넘게 술을 만들며 역사를 잇고 있다. 현재는 최경 무형문화재 보유자가 만든다. '교동법주'는 황금색에 가까운 맑은 술인데 감칠맛이 기가 막힌다. 한 모금 마시면 감미로운 단맛이 입 안 가득 퍼져 차마 삼키기 아까울 정도다. 찹쌀죽으로 밑술을 하고 고두밥으로 덧술한 이양주로, 술 담그기부터 숙성까지 꼬박 100일이 걸린다. 좋은 술을 만드는 데는 정성이 필요하다.

그간 무형문화재 술은 '교동법주'를 빼고 전부 취재했다. 남은 조각을 맞추고 싶어 교동법주 측에 연락했는데 취재가 어렵다고 했다. 그래서 경주로 여행을 간 김에 일부러 교동법주에 들렀다. 취재를 조르러 간 것이다. 최경 보유자는 만날 수 없었고 당시 전수자 준비를 하고 있던 따님을 만났다.

"아버지가 건강이 안 좋으셔서 인터뷰를 꺼리실 거예요. 성격이 대쪽 같은 분이라서 저희도 설득하기 어려워요."

그래도 제발 딱 한 번만 여쭤봐 줄 수 있냐고 질척거리자, 기꺼이 그렇게 해주겠다고 했다. 기일을 정해두고 가만히 소식을 기다렸다. 몇 주가 지나도 연락이 오질 않기에 약속한 날 전화를 걸었더니 역시 어렵다는 답변이 돌아왔다. 예상했던 일이라 순순히 받아들였다.

"아쉽네요. 언젠간 제게 기회가 생기겠죠? 다음에 또 연락드릴게요."

최경 보유자가 대중에 모습을 드러내는 건 일 년에 몇 번 되지 않는다. 그중 하나가 매년 있는 교동법주 공개 시연 행사다. 무형문화재로 지정된 술은 대중들에게 빚는 과정을 공개해야 하는 의무가 있다. 나중에 찾아보니 올해 공개 시연 행사는 무사히 마친 모양이었다. 시연 행사를 통해 먼발치에서 바라볼 수밖에 없는 것이다. 다른 언론사 기사를 살펴봐도 마찬가지로 인터뷰는 거절당한 모양이었다. 유치하지만 골고루 거절해줘서 내심 다행이었다. 나이가 들고 건강도 안 좋으시다 하니 괜히 마음은 더 초조해진다.

삼해주

그러고 보니 올 초에도 비슷한 일이 있었다. 우리나라엔 '삼해주'라는 절기주가 있다. 이는 1000년이 넘는 역사를 가진 우리술이다. '삼해주'는 새해 맞은 첫 돼지날부터 세 번의 돼지날에 걸쳐 빚는다. 조선시대 음식조리서인 《수운잡방》에도 '삼해주'에 대한 기록이 등장한다. 이 술을 돼지날에 빚는 데는 재미있는 설이 있다. 돼지는 복과 부를 상징하는 동물이라서 정성껏 담근 '삼해주'를 마시면 복과 부가 온다는 것이다.

삼해주는 전국적으로 빚어 마셨지만 특히 한양에서 인기를 끌었다. 일 년에 딱 한 번, 그것도 세 번에 걸쳐 빚는 귀한 술이기에 사대부와 상인, 중인들만 마실 수 있었다. 술을 세 번이나 담금했으니 쌀은 오죽 많이 들어갔을까. 정조 때 지금의 서울시장 격인 한성판윤 구익이 '삼해주' 빚는 걸 금지해달라는 상소를 올린 적도 있다. 이에 정조는 "이미 빚어놓은 술을 난들 어쩌겠느냐"라며 술에 대한 애정을 드러냈다는 설도 있다. '삼해주'는 서울특별시 시도무형문화재 제8호로 지정돼 있다.

'삼해주'에는 '삼해소주'와 '삼해약주'가 있다. '삼해소주'를 만들던 김택상 명인은 2021년 별세했다. 명인이 전수자를 남기지 않고 돌아가셔서 제품이 나오지 못하다가, 명인을 도와 술을 만들어온 김현종 삼해소주 대표가 지역특산주로 술을 내어 자리를 대신하는 중이다. 반응은 뜨겁다. '삼해소주'를 마셔본 사람 모두 맛있다고 입을 모은다. 특히 71.2도로 불이 붙을 정도로 도수가 높은 '삼해귀주'의 인기가 대단하다. 수년 동안 숙성된 위스키 못지않은 맛이라고 한다.

맑은술인 삼해약주는 권희자 명인이 빚는다. 권희자 명인의 술은 밝은 노란색의 드라이한 약주다. 아는 분을 통해 권희자 명인을 취재하고 싶다고 물었는데, 건강 때문에 인터뷰가 어렵다는 답을 들었다. 과거에는 서울시가 여는 전통주 행사에서 삼해약주를 맛볼 기회가 있었으나 요새 마셔봤다는 사람은 많지 않다. 대신 권희자 명인이 전통주 교육기관에서 누룩 만들기 같은 강의를 계속하고 계신 모양이다. 만나 뵙지는 못했지만 건너 듣는 소식이 있어 다행이다.

이렇게 쭉 쓰고 보니 '거절의 역사'를 나열해놓은 것 같다. 기자에게 차임은 익숙하다. 누구는 차일까 무서워 고백하지 않는 사람도 있다지만, 고백은 설레고 떨리는 일이다. 그동안 선뜻 취재에 응해준 양조장이 많고, 덕분에 좋은 기회를 얻어 '우리술 답사기'를 3년 동안 꼬박 연재 중이지 않은가. 물론 '쬐끔' 속상하지 않다면 거짓말이지만. 다만 기록하지 않으면 사라져버리는 다채로운 술 이야기를 붙잡지 못했을 땐 아쉬움이 크다. 나의 술 스승이신 류인수 한국가양주연구소 소장님이 했던 말이 떠오른다.

"술 빚는 일이 고되어서 언제고 명맥이 끊길지 모르니 꼭 기회 있을 때 많이 만나세요."

어쩌면 우리술을 취재해가는 과정도 전통주를 다룬다기보다는, 그 속에서 일하고 살아가는 사람들에게 하나하나 눈을 맞추며 인사하는 과정일지 모른다. 의무감에 쓰는 기계적인 글이 아니라 10년 뒤 누군가가 내 글을 찾아보고 그 술과 사람을 그리워했으면 한다. 나 역시 오래된 글을 통해 누군가를 찾고 알아보지 않던가. 기사도, 글도. 오래된 양조장, 술과 사람을 담은 그런 여러 번 곱씹을 만한 오래된 이야기로 남았으면 좋겠다.

취하기 전에 알아야 할
우리술 상식 3

맑은술의 시간

탁주 위에 머무는 맑은술. 막걸리와 동동주가 특유의 되직함으로 우리의 주린 배를 든든하게 했다면, 이 맑은술들은 청량감과 향긋함으로 지친 머리를 맑게 한다. 그야말로 약주다, 약주!

국가무형문화재인 '면천두견주'는 대표적인 약주다.

약주 vs 청주

약주와 청주를 구분하는 가장 쉬운 기준은 누룩 함유량이다. 쌀의 중량을 기준으로 누룩을 1% 이상 넣으면 약주, 누룩을 1% 미만으로 넣으면 청주라고 부른다. 조선시대에는 '맑은 술'을 약주 또는 청주로 혼용했지만, 일제 강점기에 주세법이 생기면서 약주와 청주(사케)를 구분하기 시작했다. 일반적으로 약주는 누룩 향이 강하고 진하며, 청주는 깔끔하다는 인상을 준다.

약주

- **두두물물 약주:** 경기 용인 수블가 | 18도 | 찹쌀, 멥쌀, 전통 누룩으로 빚은 약주. 고문헌 속 '호산춘'을 복원했다. 농후한 과일 향과 꽃향기가 난다.
- **궁중술왕주:** 충남 논산 민속주왕주 | 13도 | 쌀과 여러 약재를 넣은 약주로, 명성황후의 친정에서 빚은 가양주로 전승돼 현재 종묘대제 제주로 사용하고 있다.

청주

- **서설:** 경기 용인 술샘 | 13도 | 아무도 밟지 않은 눈길처럼 깨끗한 맛을 연상시키는 술로, 라벨을 자세히 보면 눈 위의 발자국이 선명하다.
- **1957동학:** 충북 충주 고헌정 | 13도 | 깔끔하고 깨끗한 맛의 가성비가 훌륭한 증류주가 많다.

맛있는 술의 온도는?

흔히 사케만 데워 마신다고 생각하지만, 우리술도 오래전부터 데워 마시는 문화가 있었다. 곡식으로 만든 약주들은 깔끔한 단맛을 즐기려 차게 마시는 경우가 많은데, 상온에 두거나 살짝 데우면 오히려 곡식 향이 피어올라 감칠맛이 더해진다. 약주와 마찬가지로 소주도 온도에 따라 맛이 달라진다. 소주 역시 상온에서 향이 더 풍부해지고, 차갑게 마시면 알코올 느낌이 줄어들면서 도수가 약하게 느껴진다. 술꾼들은 미지근하게 마시는 '미소(미지근한 소주)'를 선호한다고 하지만, 아직은 차갑게 마시는 게 대세인 듯하다.

• 온도에 따라 살아나는 감각 •

술의 온도가 높을 때	술의 온도가 낮을 때
단맛 매운맛 구수한 맛	짠맛 쓴맛 떫은맛 청량감

한국의 포트와인, 과하주를 아십니까?

요즘 인기 있는 와인 중 하나가 '포트와인'이다. 포트와인은 포르투갈을 대표하는 술로 도수가 높고 강한 단맛을 지닌 '주정 강화 발효주'다. 무더운 날씨에 포도주가 변하는 것을 막기 위해 브랜디를 넣어 발효를 멈춘다. 독한 브랜디가 들어가니 도수가 올라가는 건 당연하다.

무더위를 이기는 지혜가 담긴 술은 우리나라에도 있다. 포트와인보다 앞선 조선시대에 탄생한 과하주(過夏酒)가 바로 그것이다. 과하주라는 이름에는 '여름을 넘기는 술'이라는 뜻이 담겨 있다. 과하주는 더위에 술이 쉬는 것을 막기 위해 발효주보다 독한 소주를 활용했다. 포트와인의 '독하고 단' 맛을 좋아한다면 우리술 과하주도 챙겨보시길. '한국의 포트와인'이 아닌 '포르투갈의 과하주'라 불러야 마땅하다는 생각이 들지도 모른다.

경성과하주: 경기 여주 술아원 | 20도 | 여주 찹쌀로 빚은 약주에 동 증류기로 내린 쌀 증류 원액을 섞어 오랜 기간 저온 숙성시킨 술로 진한 단맛을 지녔다. 주세법상 약주에 속한다.

"Where can I buy 진도홍주?"

#진도홍주 #지초

#한산소곡주 #무형문화재_허화자명인

#이생진시인_허여사

"Where can I buy **진도홍주**?(**진도홍주 어디서 사요**?)"

"What?(**뭐라고요**?)"

인스타그램 계정으로 가끔 외국인에게서 디엠(DM)이 온다. 대부분 스팸이다. "Hello? You are pretty(안녕? 너 예뻐)"라며 불특정 다수를 향한 로맨스 스캠이나, 팔찌를 협찬해준다면서 송금을 유도하는 금융 사기라든지. 그런데 실존하는 외국인에게서 온 상식적인 내용의 디엠은 처음이었다. 게다가 다른 것도 아니고 진도홍주를 어디서 사냐는 질문이라니.

맹렬하지만 따뜻한 술, 진도홍주

한국인 중 진도홍주를 모르는 사람이 있을까? 홍주는 이름처럼 예쁜 붉은빛을 띠는 증류주다. 재료로 들어가는 약재인 지초가 술에 붉은색을 선사한다. 홍주는 고려시대 몽골로부터 증류주 기술을 전수받은 후 나타났다고 알려져 있으나 이를 즐겨 마신 건 조선시대였다. 특히 진도홍주는 상류층에서 소비했다. 또 다른 이야기로는 양천 허씨 문중이 진도로 낙향하면서 소줏고리를 가지고 갔는데, 그때 진도에서 구하기 쉬운 지초를 술에 넣기 시작하면서 홍주로 굳어졌다는 설도 있다.

그러나 유명세에 비해 주변 반응은 떨떠름하다. 사람들에게 진도홍주를 먹어봤냐고 물어보면 고개를 갸우뚱, 그나마 먹어본 사람에게 맛있는 술이냐고 물으면 또 갸우뚱한다. 그들에게 진도홍주는 아마 '색만 예쁘고 맛없는 술?' 혹은 '맛은 모르겠고, 그냥 독한 술?'일지도 모르겠다.

진도홍주의 도수는 40도 내외다. 요즘은 20도, 30도 수준의 비교적 순한 홍주도 나오지만, 진도에서는 여전히 60도, 70도짜리 홍주를 마신다. 60도 홍주만 해도 목구멍이 쨍하고 울릴 정도로 독하다. 한국인 사이에서도 호불호가 있는 술을 외국인이 찾는다 하니 호기심이 생겼다. '태드'는 자신을 폴란드에서 온 위스키 마니아라고 소개했다. 그는 엔지니어로 오래 일하다가 일을 그만두고 세계 여행 중이었다. 지금은 어디냐고 묻자 마침 서울에 있단다. 어떻게 해야 진도홍주를 찾을 수 있을지 고민하다가 파도를 타고 우연히 내 인스타그램을 발견했다고 한다. 일단 진도홍주를 파는 한국 쇼핑몰 링크를 보내줬다. 그랬더니 이건 자기가 찾는 진도홍주가 아니란다.

한참 뒤 '띠링!' 하고 사진 한 장이 도착했다. 그가 이전에 한국에

와서 진도홍주를 마셨을 때 찍어놓은 사진이었다. 다른 진도홍주 말고 꼭 이 라벨을 마시고 싶다는데 가만두고 볼 수 있나. 이미지 검색부터 다른 사람들의 진도홍주 리뷰까지 인터넷을 샅샅이 훑었다. 집요하게 정보를 캐낸 끝에 결국 답을 찾을 수 있었다.

"찾긴 찾았는데, 이거 더 이상 구할 수가 없네요."
"뭔데요? 혹시 동났나요?"
"태드 씨가 찾는 진도홍주는 라벨이 바뀌었어요. 그 상품은 성분 때문에 반품된 일이 있었대요."

이 대목에서 말할까 말까 살짝 망설였다.

"앗, 내가 마신 게 그거였군요. 정말 맛있었는데 내 추억이…."
"다행히 아직도 그곳에서 좋은 술을 내고 있어요. 바뀐 라벨은 안심하고 마셔도 될 거예요. 그런데 진도홍주는 왜 마시고 싶은 거예요?"

가장 궁금한 질문이었다.

"독하잖아요. 색도 예쁘고요. 예전에 한국 왔을 때 추억도 생각나서요. 제가 마신 한국 전통주들은 대부분 단맛이 강하고 도수가 약한 편이었거든요."

단순한 이유지만 고개가 끄덕여졌다. 진도홍주는 호불호가 있어 쉽게 추천하기 어려웠는데 어쩌면 내가 선입견을 가지고 있었던 건 아닐까. 위스키 마니아의 취향을 저격하다니. 알고 보면 이 술을 몰라서 못 마시는 외국인이 훨씬 많지 않을까 싶었다. 마음 같아선 직접 사서 보내주고 싶었지만, 오프라인 판매점과 내가 아는 힙한 주점들을 몇 군데 알려주고, 그가 마신 우리술 정보를 더 나누는 선에서 이야기를 마무리했다. 그는 내 추천대로 여러 술집에 들러 전통주를 마시다가 다시 다른 나라로 여행을 떠났다. 지금도 인스타그램으로 종종 안부 인사를 한다.

홍주는 쉽지 않지

일련의 사건을 겪고 진도홍주에 부쩍 관심이 생겼다. 실은 어릴 적 할머니 댁 찬장에서 진도홍주를 본 적이 있다. 색깔이 빨갛고 고와서 한참 눈을 못 뗐다. 홍주는 예전에는 ‘꽃주’라고 불렸다고 한다. 어쩌면 ‘맛없다’는 말도 이 색에 현혹돼 난 소문일지도 모른다. 홍초를 닮은 빛깔에 단맛을 기대했다가 의외의 독한 맛에 깜짝 놀라고 마는 것이다.

술 빚기를 배우면서 진도홍주를 내리는 모습을 실제로 본 적이 있다. 소주를 내릴 땐 일단 그 안에 술을 붓고 가열하는 것으로 시작한다. 이때 소줏고리 위에는 찬물을 담아둔다. 그러면 술이 끓으며 증발해 수증기가 됐다가 찬 기운과 만나 액화 현상이 일어난다. 액화한 증류주는 부리를 타고 ‘또옥-또옥’하고 떨어진다. 홍주는 이 부리 부분에 지초를 받쳐놓고 술을 통과시켜 만든다. 독한 증류주가 지초를 통과하며 진빨강 옷을 입는 것이다. 찰나의 순간을 지났을 뿐인데 피처럼 선명한 술이 나오니 신기할 노릇이다. 산에서 지초를 캐는 사람들은 흰 눈 사이에 핏빛 같은 흔적이 있으면 그곳에 지초가 파묻혀 있다는 걸 알았다.

술 빚기 수업 중 구리 증류기(알렘빅)를 이용해 지초로 내린 홍주

이전까진 나도 홍주에 대한 선입견이 두터워 맛없을 줄 알았는데 그때 내린 홍주는 꽤 괜찮았다. 의외로 달짝지근하면서 흙냄새가 나고 감칠맛이 있었다. 독하고 맹렬하지만 따뜻한 술이었다. 홍주를 다 마시니 높은 도수에 온몸이 화끈거렸다. 남은 술이 아까워 병에 담아 집에 가져왔는데 술이 새서 가방 속이 온통 붉은색이었다. 물든 홍주 자국을 빼느라 꼬박 3시간은 물에 손을 담갔다. 세제 섞은 물에 가방을 짓이기듯 누를 때마다 붉은 물이 울컥 쏟아져 나왔다. '이래서 술을 병이 아니라 위장에 담으라고 하는구나!' 그래도 막 내린 진도홍주를 마신 기억은 기분 좋게 남아 있다.

직접 가서 보면 진도홍주를 더 잘 알 수 있을까 싶어 큰맘 먹고 진도 출장을 결심했다. 진도는 땅끝인 해남과 붙어 있다. 찾아보니 진도에선 홍주만 만드는 양조장이 몇 군데 있었다. 제일 유명한 양조장부터 전화를 걸었다.

"죄송한데, 지금 대표님이 해외 출장을 가셔서 어려울 것 같아요."

가는 날이 장날이구나 싶어 또 다른 곳으로 전화를 돌렸다.

"에이, 우리는 홍보할 만큼 잘하는 곳은 아니에요."

겸손한 거절이었다. 몇 번 더 청했지만 굳이 마다했다. 섭외 방법이 잘못됐나 싶어 아는 분의 추천을 받아 다시 도전했다. 취재라는 언질도 미리 부탁드렸다.

"아는 사람이라 어쩔 수 없이 연락처를 알려주긴 했는데 언론에 노출되

고 이런 거 안 좋아해요. 술을 대단히 잘 만드는 것도 아니고, 그냥 만드는 거거든요. 우리 말고 다른 데 해요."

홍주 취재가 이렇게 어려울 줄은 몰랐다. 결국 이런저런 이유로 취재는 불발됐다. 취재하는 과정에서 알아낸 사실은, 면허를 받은 양조장은 대여섯 군데지만 몇몇 양조장이 아직도 밀주 형태로 술을 빚는다는 것이다. 10여 곳 된다는 무면허 양조장들은 됫병으로 술을 판다. 진도홍주처럼 지역명이 붙은 '한산소곡주'도 그렇다. 인증받은 양조장은 70여 곳이지만, 밀주를 빚는 곳까지 합치면 300여 가구가 술을 만든다. 양이 적어서, 술 빚는 분이 고령이라서 등 이유는 다양하다. 홍주를 마시러 여러 번 진도에 오간 한 술꾼이 그랬다.

"집에서 술 빚던 어르신들이 주세 꼬박꼬박 내면서 술을 빚겠어요. 언제까지 술을 할지도 모르고 면허나 허가받는 과정도 귀찮으니까 몰래 술을 만들어 동네 사람들에게나 팔죠."

일반인들은 이런 술은 어디서 구해야 하는지 모른다.

"홍주 마니아들은 아직도 간판도 달리지 않은 밀주 만드는 곳을 찾아 술을 받아오곤 해요. 위생도 상대적으로 별로고 생산량도 많지 않지만 술맛은 기가 막혀요."

물론 일부 진도홍주 회사에서는 밀주로 빚는 것이 싫어 양성화에 힘쓰기도 했다. 나라의 보호를 받고 소비자들에게 진도홍주를 알리려면 결국 술의 양성화가 중요해서다.

취하지 않아도 얼굴이 붉어지는 술

원래 진도에서 홍주로 가장 유명한 곳은 무형문화재인 허화자 할머니가 술을 내리는 양조장이었다. 2013년 허화자 할머니가 노환으로 돌아가시기 전까지 전통 방식대로 진도홍주를 빚어왔다. 그는 직접 누룩을 빚고 지초를 찧어 장작불을 떼서 홍주를 내렸다. 진도홍주는 보리쌀이나 멥쌀, 때에 따라서 찹쌀로 만드는 등 사용하는 곡물이 제각각인데 허화자 할머니는 그중 보리쌀로 술을 만들었다고 한다. 지금도 허화자 할머니의 진도홍주를 아는 사람들은 그 맛을 추억한다. 다행히 돌아가시기 전 전라남도와 국립민속박물관이 누룩 만드는 법, 원료 종류와 배합법, 밑술 발효 과정, 술 끓일 때의 요령, 술 내릴 때의 과정 등을 세세히 적어 기록해뒀다. 그는 홍주에 꿀을 약간 타서 마시라고 조언했다. 그럼 홍주에서 지초가 내는 쓴맛을 꿀의 단맛이 잡아주고 약재 향과 어우러져 맛이 좋아진다.

몇 날 며칠을 진도홍주 노래를 부르며 파대니, 이를 더 이상 참지 못한 지인이 진도 여행을 갔다가 홍주를 사다 줬다. 어차피 취재는 가질 못하게 됐으니 술 마시고 속이라도 가라앉히라는 의미였다. 나도 모르게 얼마나 귀 따갑게 홍주 이야기를 했나 반성도 하면서 그 김에 요즘 홍주를 마시는 음용법을 찾아봤다.

진도홍주를 만드는 양조장들은 진도홍주를 마시는 다양한 방법을 소개한다. 일단 진도홍주는 스트레이트, 얼음 넣고 온더록스로 마실 수 있다. 도수가 너무 세다면 탄산수에 타 마시기도 한다. 진도홍주가 쓴 편이라서 사이다에 타 먹는 것도 좋다. 맥주와 함께 섞어 마시는 '일출주'도 있다. 맥주를 4분의 3만큼 따르고 진도홍주를 서서히 따르면 맥주 위에 진도홍주가 떠 붉은 태양이 바다 위로 출렁이는 것 같은 모양이 된다. 조주기능사 시험에도 나오는 칵테일 '진도'도 있다. 진도홍주에 크림 드 민트 화이트, 라즈베리 시럽, 청포도 주스를 넣어 만드는 술로 새빨간 강한 단맛의 칵테일이다. 진도홍주가 아닌 지초에 거르기 전 상태인 백주로 만드는 '백주 김렛'은 어떨까. 김렛은 허브를 넣은 증류주인 진에 설탕, 라임을 넣은 술이다. 진 대신 백주를 넣고 설탕 약간과 라임을 타서 마신다.

진도홍주에 대해 알면 알수록 '맛없다'는 박한 평가가 쑥스럽다. 평생 섬을 떠돌며 시를 써온 시인 이생진은 진도홍주를 주제로 한 연작시 〈허 여사〉에서 우리의 쑥스러움을 이렇게 노래했다.

"그제야 술이 묻는다
너는 술만큼 투명하냐
너는 술만큼 진하냐
너는 술만큼 정직하냐
이때 이 물음에 답하는 것은 내 얼굴빛
내 얼굴빛이 홍주빛일 때
비로소 내게 홍주 마실 자격을 준다"

이제 비로소 나도 홍주 마실 자격이 생긴 걸까. 지인이 준 홍주를 고이 꺼내 홀짝거리는 밤이다.

취하기 전에 알아야 할 우리술 상식 4

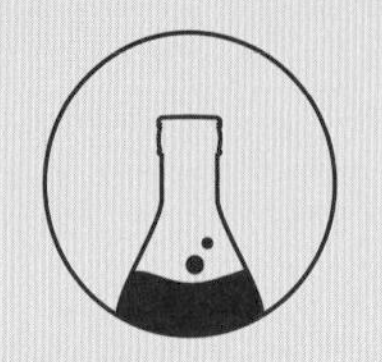

술 빚는 재료

1. 곡물

•쌀

쌀은 막걸리의 가장 기본이 되는 원료다. 주로 멥쌀과 찹쌀을 사용해 술을 담그는데, 멥쌀을 많이 넣으면 맛이 드라이해지고 찹쌀을 많이 쓰면 술이 달아진다. 맛의 균형을 맞추려고 둘을 섞어 쓰는 곳도 많다. 쌀로 소주를 만들면 특유의 곡물 향이 강하고, 쌀막걸리는 워낙 제품군이 많아 기능성 쌀, 색이 있는 쌀 등으로 특색을 주기도 한다. 최근에는 쌀의 품종을 강조하는 추세다.

나루생막걸리: 서울 한강주조 | 6·11도 | 서울에서 재배하는 경복궁쌀로 술을 빚는다.

술취한원숭이: 경기 용인 술샘 | 10.8도 | 쌀에 붉은색을 띠는 홍국균을 접종한 홍국쌀을 사용해 붉은색이 선명하다.

소향탁주: 강원 강릉 들울리소향 | 12도 | 전통 방식인 볏단째 거꾸로 매달아 해풍에 말린 벼에서 나온 쌀을 사용한다.

• 밀

1963년 양곡관리법에 따라 백미로 막걸리를 빚지 못하게 되면서 각광받게 된 재료다. 과거에는 값싼 외국산 밀을 사용한 막걸리가 대중적인 인기를 끌었다면, 요즘은 국내에서 생산하는 밀로 만든 프리미엄 막걸리를 맛볼 수 있다. 쌀막걸리보다 진한 아이보리색을 띤다.

향수: 충북 옥천 이원양조장 | 9도 | 우리밀을 사용한 밀막걸리로 미숫가루를 넣은 것처럼 질감이 꾸덕하고 부드럽다.

밀물탁주: 전남 목포 밀물주조 | 8도 | 무안산 통밀을 사용한 막걸리로 달지 않고 드라이하며 뒷맛이 깔끔하다.

2. 누룩

누룩은 우리술을 빚는 데 사용하는 전통 발효제다. 한 번쯤은 들어봤을 "누룩을 띄운다"라는 표현은 쌀이나 밀, 녹두 등을 쪄서 누룩 틀에 누르고 발효시키는 과정을 일컫는 말이다. 이렇게 잘 띄운 누룩을 빻아서 햇볕에 말려 살균과 냄새 제거, 표백 등 법제 과정을 거쳐야 비로소 술을 빚는 데 쓸 수 있다. 예전엔 공장식 누룩을 사용했지만, 요즘은 자체 누룩을 만드는 양조장도 많아졌다. 자체 누룩에 공장식 누룩을 적절히 배합한 '블렌딩 누룩'을 활용하는 양조장도 있다.

누룩은 술맛에 많은 영향을 끼치지만 이를 모르는 사람이 많다. 외국에선 와인 효모, 일본에서도 사케 효모를 개발해 맛과 향을 차별화한다. 최근에는 같은 술을 각각 다른 누룩으로 빚거나, 또는 연구원에서 개발한 효모를 쓰는 사례도 늘고 있다. 국내에서는 누룩이나 효모 같은 발효제에 대한 연구 지원이 부족한 실정이지만 점차 나아질 것으로 기대한다.

- **청명주:** 전북 정읍 한영석의 발효연구소 | 13.8도 | 만드는 '배치(Batch)'마다 사용하는 누룩이 달라지는 약주. 쌀누룩, 쌀과 녹두를 섞은 향미주국 등을 사용한다. 병 라벨에 누룩이 그려져 있다.

- **풍정사계 춘·하·추·동:** 충북 청주 화양 | 12 · 15 · 18 · 25 · 42도 | 춘 · 하 · 추 · 동이 각각 약주 · 과하주 · 탁주 · 소주로, 녹두와 밀로 만든 누룩인 '향온곡'을 사용한다.

- **콘체르토1번:** 경기 포천 민주술도가 | 6도 | "저도수 막걸리는 풍미가 없다"는 편견에 맞서 한국식품연구원의 효모를 쓴 막걸리. 우리 쌀누룩에서 찾아낸 No.1 효모를 넣었다.

3. 물

술을 만드는 전 과정 중 가장 기본적이고 중요한 요소가 바로 물이다. 예로부터 어느 지역에서나 좋은 물이 솟아났던 우리나라였기에 특별해 보이지 않을 수 있지만, 시간이 갈수록 좋은 물에 대한 관심과 수요가 높아지고 있다. 예로부터 술 빚기 좋은 물은 맛이 없거나(無味) 단맛이 나고, 색이 없는(無色) 맑고 깨끗한 물이라고 한다.

- **40240독도:** 강원 평창 케이알컴퍼니 | 27 · 37도 | 울릉도 해양심층수를 함유한 증류식 소주. 40240은 울릉읍 독도리의 우편번호다.

법제한 누룩을 확인하는 모습

술 빚는 쌀은 찹쌀? 멥쌀?

흔히 멥쌀은 밥을 짓는 쌀, 찹쌀은 떡을 만드는 쌀로 알려져 있다. 이 둘의 차이는 '아밀로오스' 함량에서 생긴다. 멥쌀은 아밀로오스 함량이 20~30%로 높고, 찹쌀은 아밀로오스가 거의 없고 아밀로펙틴으로 구성돼 있다. 곡물이 술이 되려면 호화(곡물이 익어 풀처럼 되는 현상)가 이뤄져야 하는데, 아밀로오스가 적을수록 호화가 잘된다. 찹쌀로 만든 술은 단맛과 감칠맛이 나고, 멥쌀로 만든 술은 맑고 단순하며 깔끔한 이유가 여기에 있다. 많은 양조장에서 이 균형을 맞추려 멥쌀과 찹쌀을 섞어 술을 빚는다.

누룩과 입국의 차이는 무엇일까?

누룩은 우리나라에서, 입국은 일본에서 사용하던 발효제다. 일본식 누룩인 입국은 '코지'라고 한다. 발효 과정에서 자연 곰팡이균이 붙는 우리 누룩과 달리 입국은 쌀에 단일 곰팡이균을 인위적으로 흩뿌려 만든다. 전통 누룩을 사용하면 다양하고 풍성한 맛이 나는 반면 입국을 사용하면 균일한 술맛을 낼 수 있다.

7

소주는 순해지고 막걸리는 독해진다

#선양소주_14.9도 #1924진로_35도 #1995화이트_23도

#1998참이슬_23도 #2006참이슬후레시_19.8도 #좋은데이_16.9도

#한라산_21도 #술담화_바텐더의막걸리

소주는 내려가고, 막걸리는 올라간다. 도수 이야기다. 이러다 둘이 만나는 거 아닌가 싶었는데 지난해 맥키스컴퍼니에서 15도의 벽을 허문 '선양소주(14.9도)'를 출시했다. 14도대 소주가 등장하자 글 깨나 쓰는 술꾼들은 모두 화를 냈다.

"도수가 낮아지면 가격이라도 싸야 하는데, 가격은 올리고 말이야. 명색이 서민의 술이…."

매일 막걸리 한 병 없이는 잠을 못 이룬다는 선배도 14도대 소주 소식을 듣고 약 올라 했다. 몇 해 전 은퇴를 한 그 선배는 회사에서도 알아주는 술꾼이었다. 한창 직장생활을 하던 시절에도 술과 담배를 사랑한 사람이었다. 오랜만에 선배를 만나 차를 얻어 탄 적이 있다.

"술 한잔 마시면 벌게지는 네가 아직도 술 취재를 한다고?"

선배는 내가 오랫동안 주류 취재를 하고 있다는 사실에 눈이 동그래지며 신기해하고, 또 반가워했다.

"요즘 술이 술이냐?"

선배는 껄껄 웃었다. 선배의 반응에 여러 말을 하고 싶었지만(선배는 매일 술을 드셔서 안 드셔도 얼굴이 벌겋잖아요) 속으로 삼켰다. 라디오를 켠 것처럼 자연스럽게 술 이야기가 흘러나왔다. 그는 요즘 나오는 소주는 술도 아니라며 고개를 저었다.

"옛날에는 소주는 다 25도인 줄로만 알았어. 그땐 한 병만 마셔도 취했는데, 요샌 두 병을 마셔도 알딸딸해지기만 하지 취하질 않아. 이게 맞는 일이라고 생각하니?"

술꾼의 투덜거림에 웃음이 피실피실 새어나왔다. 맞는 소리다. 소주는 360㎖ 기준 도수가 1도씩 낮아질 때마다 원가가 6원씩 절감된다.

1924년 등장한 35도 소주 '진로' ©하이트진로(주)

그의 말대로 소주 도수는 지난 100년에 걸쳐 20도가 낮아졌다. 1920년대에 대중을 겨냥해 진천양조상회가 만든 '진로'가 35도였는데, 1965년에 소주의 도수가 30도까지 떨어졌다. 박정희 정부의 양곡관리법과 맞물리면서 쌀로 빚던 막걸리 대신 소주와 맥주를 밀어주기 시작한 것이 이때다. 그때부터 소주는 '서민의 술'로 자리 잡았다. 1970년대에는 그야말로 박 터지는 희석식 소주의 대결이 펼쳐졌다. 당시 소주들의 도수는 25도. 이 도수가 '소주는 25도'라는 불문율을 만든 것이다.

"근데 이상하지. 사람들은 한번 뭔가를 정해놓으면 바꾸려고 하지 않아. 25도 밑으로 떨어지면 누구 하나 망할 것처럼 굴었거든."

선배의 말을 들으니 중학교 때 신었던 덧신이 생각났다. 내가 다니던 중학교는 교실 마루가 망가진다는 이유로 학생들에게 실내화 대신 덧신을 신게 했다. 덧신은 밑창이 얇아서 쉽게 닳기 일쑤였다. 장마철엔 빗물이 새고 겨울에 눈이 오면 발이 꽁꽁 얼었다. 떨어진 덧신을 신고 다니면 선생님들은 단정치 못하다며 벌을 주었다. 책상 위에 올라가라고 한 뒤 당구 큐대로 덧신 신은 발을 때리는 선생님도 있었다. 학생들은 덧신을 신는 게 말도 안 되는 일이라는 걸 속으론 알았지만 차마 입 밖으론 꺼내지 못했다. 실내화는 꿈도 못 꿨다. 그저 그동안 선배들이 신었으니, 우리도 마땅히 신어야 한다고 생각한 것이다.

그로부터 몇 해가 지나 모교를 찾아갈 일이 생겼는데 그곳에서 충격적인 장면을 보았다. 학생들이 모두 덧신 대신 새하얀 실내화를 신고 있는 게 아닌가. 지나가는 학생에게 물어보니 새로 당선된 학생회장이 "덧신을 실내화로 바꾸자"는 공약을 내세웠다고 했다. 이렇게 바꾸기 쉬운 것을 3년 내내 젖었다 얼었다 하며 그 고생을 했다니 허탈한 마음이었다. 왜 나는 단 한 번도 시위할 생각을 하지 못했을까. 아마 소주 도수도 비슷한 것일 테다. '소주는 25도'라고 정해놨으니 낮출 생각은 못 하고 남들 눈치만 볼 수밖에.

"그러던 중 무학에서 덜컥 23도짜리 술을 내놨어."

1995년 등장한 23도 소주 '화이트' ©무학

선배는 경남 출생이었다. 경남을 거점으로 두고 있는 종합주류회사 무학은 1965년, 1920년대부터 소주와 청주를 만들던 소화주류공업사를 인수했다. 1970년대에 들어서면서는 도내 소주 제조장 36곳을 흡수해 몸집을 불렸다. 그리고 마침내 1995년, '화이트'라는 23도짜리 소주를 내놓았다.

"사람들이 다 이게 될까 하면서 의심스러운 눈초리로 쳐다봤지. 그런데 웬걸, 너무 잘 팔리는 거야. 술집에 가면 사람들이 23도짜리 마시려고 하지, 25도는 독하다고 안 마셨어."

한때 술집에서 너도나도 '화이트'만 주문했다고 한다. '화이트'는 1997년 IMF 위기에서 무학을 살려낸 술이자 경남의 향토 기업에 불과했던 무학을 전국적인 시장으로 끌어올린 술이다. '화이트'의 매출은 매년 성장했다. 잘 만든 저도수 술 덕분에 워크아웃 신청을 할 정도로 어려웠던 무학은 2년 6개월 만에 위기를 극복했다. '화이트'의 흥행에 뒤질세라 1998년에는 '참이슬' 23도가 등장했다. 한번 25도를 내려오자 소주 도수는 계속 낮아졌다.

"다들 이만하면 됐다 그랬어. 25도 공식을 깬 것도 놀라운데 설마 소주 도수가 20도 밑으로 낮아질까 했지. 사람들이 20도 밑으론 소주 취급도 안 한다고 했어."

이후는 여러분이 아는 바와 같다. 2006년 19.8도의 '참이슬 후레쉬'를 시작으로 저도수의 선두 주자였던 무학이 '좋은데이'를 16.9도까지 낮추면서 순한 소주가 대세가 됐다. 소주는 더 이상 취하려고 마시는 술이 아니라 즐기는 술에 발을 걸쳤다.

"도수 낮은 술을 마시면 속이 편하면서도, 내심 이게 술인가 싶더라고. '한라산' 21도 마시면서 독한 술이라고 하니 옛날 술꾼들은 허허 웃지."

소주와 달리 독할수록 사랑받는 술

막걸리는 사정이 조금 다르다. 소주와 다르게 막걸리 도수는 점점 오르는 추세다. 흔히 막걸리 도수는 6~7도라고 알려져 있다. 이는 과거 막걸리 도수가 그 언저리에서 알코올분이 규정됐기 때문이다. 1949년 이전만 해도 도수 제한이 없었지만, 그 이후부턴 정부가 정하는 대로 6~8도를 오갔다. 1965년부터 1970년대까지는 무조건 6도였고, 1980년대부터는 다시 8도였다. 1999년부터 한참 동안 '3도 이상의 탁한 술'을 막걸리라고 했다. 참고로 현재 주세법에는 막걸리 도수에 관한 명시가 없다. 덕분에 지금은 다양한 도수의 막걸리가 나오고 있다.

막걸리는 두세 번 정도 담그고 발효·숙성시켜 거른 직후에는 도수가 18도 언저리를 오간다. 참고로 막걸리는 밑술을 하고 거기에 덧술 횟수가 많을수록 도수가 높아진다(252쪽 참고). 한국가양주연구소에서 덧술을 하면 어디까지 도수가 높아지는지, 어떤 맛을 내는지 실험한 적도 있다고 했다. 낮은 도수의 막걸리는 원주에 가수(加水)를 해서 낮춘 것이다. 하지만 '프리미엄 막걸리' 딱지가 붙은 막걸리들은 대부분 10도가 훌쩍 넘는다.

거의 원주 수준으로 도수가 높은 막걸리도 인기다. 전남 해남 해창주조장의 '해창막걸리'에서 가장 높은 도수가 18도이고, 서울양조장의 '서울골드'도 18도다. 전통주에 관심 없는 사람들은 위스키보다 비싼(10만 원이 훌쩍 넘는다) 막걸리를 누가 먹나 싶겠지만 이미 마니아층을 형성하고 있다. 진하게 탄 미숫가루처럼 찐득한 고도수 막걸리는 소주잔처럼 자그마한 잔에 마시는데, 물을 타거나 온더록스로 마시는 사람들도 있다. 꾸덕꾸덕한 막걸리를 만드는 충북의 한 양조장은 우스갯소리로 이런 말도 했다.

"이런 막걸리는 사실 나 마실 때나 마셔야지, 팔 때는 영 불리해요. 막걸리 세 병 마실 걸 한 병을 물 타서 마셔버리거든. 양조장 입장에선 얼마나 손해야."

전통주 구독 서비스를 하는 술담화에서도 '바텐더의 막걸리'라는 질감이 진한 술을 출시한 적이 있다. 바텐더의 막걸리는 칵테일 만들 때 막걸리를 베이스(기주)로 쓸 수 있도록 만든 것이다. 도수는 14도고, 맛은 드라이한 편이다. 도수가 높아 정말 막걸리 칵테일을 만들 때 활용하기 좋았다. 여기에 과일청을 타 먹으면 맛이 더 좋아지는데, 그중에서도 체리청을 넣으면 그 맛이 외국 칵테일 못지않았다. 도수가 높아 적당한 알코올감이 있고 바디감도 두터워 더욱 만족스러웠다. 이 대목에서 침을 꿀떡 삼킨 사람은 잠시 멈추시길. 바텐더의 막걸리는 이제 생산되지 않는다. 생각보다 막걸리로 칵테일을 만드는 사람이 얼마 없고, 판매하려면 추가적인 스토리텔링이 필요해서다. 먼발치에서 바텐더의 막걸리를 응원했던 사람으로 아쉬울 따름이다.

자꾸 높아지는 막걸리 도수에 물처럼 넘어가던 옛 막걸리를 그리워하는 사람들도 있다. 이런 막걸리는 작은 잔보다 큰 잔에 한가득 담아 목을 타고 넘어가는 게 보일 정도로 꿀떡꿀떡 삼켜주는 게 좋다. 가벼운 목 넘김은 그야말로 술이 술을 부른다. 달거나 약한 탄산이 있어도 좋다. 이런 막걸리를 또 다른 말로는 '노동주'라고 부른다. 고된 노동을 한 다음에 마시는 막걸리다. 여름철 농번기에 농촌에 가면 어렵지 않게 볼 수 있다. 새참과 함께 마시는 가벼운 막걸리 한잔. 도수도 낮아서 쉽게 취하지도 않고 그저 일로 굳었던 몸을 가볍게 풀 정도로 취기가 돈다. 이런 막걸리에 파전 안주는 또 얼마나 기가 막히던가. 약간 신 김치에 어울려 먹어도 산미 궁합이 알맞다. 이때 마시는 막걸리는 업무량의 바로미터다. 술이 달고 맛있을수록 열심히 일했다는 증거다.

어떤 막걸리 쪽의 손을 들까 하면 어느 하나를 선택하기 어렵다. 실은 평소엔 진하면서 달고 도수가 높은 막걸리를 가장 좋아한다. 나들이를 갈 때도 이런 막걸리 한 병을 챙겨서 지나가는 길에 편의점에 들러 얼음 컵만 사다가 시원하게 온더록스로 마신다. 친구들에게 이 방법을 알려주니 정말 좋아한다. 보냉 백이 없어도 오케이다. 하지만 또 오랜만에 도수가 낮은 가벼운 막걸리를 마시면 그게 또 염치없이 맛있다. 내 목구멍은 왜 이리도 수용적이란 말인가. 그렇게 목 넘김 가벼운 막걸리에 홀딱 빠져 있다가 꾸덕꾸덕하게 넘어가는 막걸리 한잔 마시면 이리 고급스러울 수가 없다. 이만큼 다채로운 술을 6~8도에 묶어놨다니. 이미 지난 과거를 답답해할 뿐이다.

갈수록 순해지는 소주와 갈수록 독해지는 막걸리의 끝은 어디일까. 유행처럼 지나진 않을 듯싶다. 우리는 복잡다단한 취향의 시대에 살고 있고, 이젠 정말 다양한 입맛을 맞춰야 한다. 도수가 내려가는 소주든, 올라가는 막걸리든 반갑다. 어쨌든 비슷한 술에서 탈피하려는 도전에서 나온 술이 아닌가. 비록 나는 중학교 때 발이 얼든 말든 해질 때까지 잠자코 덧신을 신고 다녔지만, 결국 누군가는 실내화도, 슬리퍼도 신는다.

취하기 전에 알아야 할 우리술 상식 5

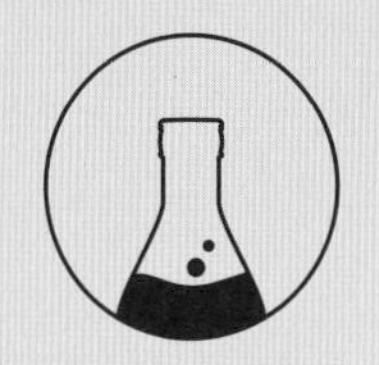

맑은파 vs 꾸덕파

막걸리는 '막' 걸러서 만든 술이다. 사용하는 체에 따라, 거름에 따라 술의 질감이 달라진다. 또 쌀과 물을 얼마나 넣느냐에 따라서, 탁한 부분을 어느 정도로 활용하느냐에 따라서도 여러 식감을 느낄 수 있다. 맑은 막걸리는 목 넘김이 가볍고 편하다. 꾸덕한 막걸리는 요거트를 먹는 것처럼 질감이 묵직하고, 부드러운 느낌이 든다.

목 넘김이 가벼운 술이 좋아

우리에게 익숙한 막걸리의 제형보다 훨씬 가볍고 청량한 술들이 사랑받고 있다. 아래 술은 모두 목 넘김이 깨끗하다.

- **과천미주:** 경기 과천도가 | 9도 | 언뜻 보기에 맑은술 같지만 '청탁'이라 불리는 막걸리다. 상쾌한 파인애플 향이 느껴진다.
- **웃국:** 전남 해남 옥천주조장 | 6도 | 막걸리가 구름이라면 이 술은 안개 같은 탁도를 지니고 있다. 맑고 깨끗하고 은은한 단맛이 있다.

걸쭉한 술이 든든해서 좋아

아래 두 양조장은 같은 이름의 다른 도수를 판매하는데 도수가 높을수록 질감이 되직하다. 각기 다른 매력을 비교하며 즐겨보자.

- **골목 프리미엄:** 충남 예산 골목양조장 | 12도 | 부드럽고 꾸덕한 질감에 단맛이 있는 막걸리. 같은 양조장에서 생산하는 오리지널 막걸리(6도)와 다른 질감을 보인다.
- **G12 골디락스:** 전남 장성 청산녹수 | 12도 | 장성에서 나는 쌀, 물, 누룩으로 만든 무감미료 막걸리로 '전내기'를 그대로 담은 제품이다.

노동주에서 파티주로, 막걸리의 위상이 달라졌다

어르신들이 막걸리를 들이켜던 장면을 떠올리면 '꿀떡꿀떡' 다음으로 "끄어어~" 하는 트림 소리가 자동으로 들려온다. 막걸리의 탄산은 발효 과정에서 그저 자연스레 생겨났을 뿐인데도 눈치 없이 새어나오는 트림을 유발하는 주범으로 꼽혔다. 그래서 한동안 탄산이 없는 프리미엄 막걸리가 대세를 이루기도 했다. 하지만 시간이 흐르면 생각도 변하는 걸까. 천덕꾸러기 취급받던 막걸리의 탄산이 가벼운 맛과 예쁜 빛깔을 선호하는 요즘 트렌드와 딱 만나버렸다. 노동주와 다름없던 막걸리는 이제 '샴페인 막걸리' '스파클링 막걸리'로 마케팅되며 인기가 치솟는 중이다.

- **복순도가 손막걸리:** 울산 울주군 복순도가 | 6도 | 스파클링 막걸리의 탄생을 알린 막걸리다. 흔들어서 따면 낭패를 볼 수 있다.
- **별산막걸리 오디스파클링:** 경기 양주 양주도가 | 6도 | 오디 고유의 영롱한 보랏빛과 청량한 탄산을 즐길 수 있는 막걸리.

8

'새롭지만 검증된 것'을 찾는 모순

#볼리비아맛집 #안전한도전은없다

#찾아가는양조장 #쇼미더머니

#이찬혁_불협화음

요즘 우리는 무수한 추천의 물결 속에서 살아간다. 너도나도 SNS를 하다 보니 정보가 쉴 새 없이 쏟아진다. 고를 겨를이 없어 바쁜 현대인을 대신해 알고리즘이 직접 나선다. 배달 애플리케이션을 켜면 '주문 많은 순'으로 정렬한다. 반바지 하나를 살 때도 '리뷰 많은 순'부터 본다. OTT에서 영화를 고르면 '한국인에게 가장 인기 있는 영화 톱 10'부터 눈길이 간다. 책 한 권을 사도 '베스트셀러'가 좋다. 유튜브를 켜면 요즘 빵 뜬 쇼츠만 하루에 스무 번은 본다. 그중 열 번은 그 쇼츠를 패러디한 영상이다. 한국을 벗어나 해외여행을 가도 마찬가지다. 심지어 우유니 사막 여행을 계획할 때 '볼리비아 맛집'을 검색했더니 '볼리비아에서 한국인이 가장 자주 가는 맛집'부터 떴다.

사람은 여럿인데 발자국은 하나뿐

내 멋대로 살 줄 알았던 인생엔 어떤 내비게이션이 있는 듯하다. 모두 최적의 결과를 찾으려 안간힘을 쓴다. 언젠가 사막에 사는 고양이가 자기가 남긴 발자국만 밟으며 걷는 영상을 본 적 있다. 우리는 정해진 길을 걸음으로써 낯선 곳에서의 불확실성을 낮추고 실패 위험을 없앤다. 덕분에 한 번이라도 리뷰가 올라온 곳은 유명해지고, 발견되지 못한 곳은 쉽게도 사라진다. 어쩌면 지금 내가 가지고 있는 취향도 다른 사람이 밟고 간 발자국은 아닐까. 마치 세상이 내게 "꼭 노력만이 정답은 아니야!"라고 말하는 듯하다. 노력하면 언젠간 될 거라는 환상이 깨지는 순간은 조금 슬프다.

이런 딜레마는 취재하며 자주 겪는 일이기도 하다. 취재하려던 유명 맛집은 이미 A사에도, B사에도, 심지어 C사에도 나와 있다. 물론 기사가 나오기 전, 데스크들은 기자에게 각양각색 취재원을 주문한다. 이들의 요구를 종합해보면 이렇다.

"선도적이고, 이미 전문가로서 활동을 열심히 하고 있으며, 말도 잘하고, 사진 찍을 결과물도 많고. 그런데 다른 언론에 나오지 않은 사람! 대신 이상한 사람이거나 사기꾼이면 안 됨."

진짜 '선도적인 전문가'라면 어떻게든 신문에 글 한 쪽이라도 난다. 괜찮은 취재원을 인터뷰하면 며칠 뒤에 방송국 작가에게서 연락처를 알려달라는 연락이 온다. 그럼 또 방송에 나온다. 만약 신문에 나오지 않았다면 방송에 먼저 나온다. 방송을 타면 또 신문에 나온다. 요샌 유튜브가 대세라서 유튜브에 등장해도 나중에 신문에 나온다. 신문에 등장하면 어느 순간 유튜브에서 얼굴을 비춘다. 그렇게 매체들은 누군가의 유명세를 주고받는다. 이것도 부익부 빈익빈이다. 갑자기 혜성 같은 새 얼굴을 찾는 것도 쉽지 않지만, 새 얼굴을 받아들이기엔 우리는 불확실성이 두렵고, 실패가 무섭다.

물론 기자들도 자신이 발굴해낸 신박한 취재원을 원한다. 안방 옷장처럼 그 자리 그대로 서서 아침마다 문 열어주기만을 기다리진 않는다. 그런데 데스크의 마지막 말이 좀 어렵다. "대신 이상한 사람이거나 사기꾼이면 안 됨." 이를 검증하려고 이번엔 검색을 한다. 그럼 신문에 글 한 쪽이라도 나온 사람을 찾기 마련이다. 인터뷰한다. 그 사람은 다시 방송에 나온다. 결국 뫼비우스 띠에 갇히고 만다.

콘텐츠가 뫼비우스 띠에 갇히니 퀄리티가 거기서 거기다. 마치 영화 홍보 기간에만 '예능 꿈나무' 같은 수식어를 달고 비슷비슷한 예능 프로그램에 얼굴을 비추는 배우들처럼. 최신 유행하는 콘텐츠를 따라 여기저기서 비슷한 얼굴, 아는 것만 나온다.

양조장 취재를 할 때 이 고민을 많이 했다. '우리술 답사기'는 우리술을 빚는 양조장들을 탐방하는 기사다. 나도 처음에는 유명한 양조장, 인기 있는 술부터 이야기를 풀어갔다. 어떤 양조장부터 취재를 시작해야 하는지 막막한 상황 속에서 하나하나 검색해가며 가볼 만한 양조장을 추렸다. 농림축산식품부가 지정한 '찾아가는 양조장'도 살펴보고, 여행 서적을 뒤져보며 취재할 만한 양조장을 골랐다. 하지만 쓰다 보니 점점 다른 언론사에서 이미 다룬 양조장만 취재하고 있었다. 우리나라에 양조장이 1400개 정도 된다는데 과연 언론의 주목을 받는 양조장은 몇 개나 될까. 언론에 등장한 적 없는 술을 다루기 시작한 건 그로부터 한참 뒤다. 사람들을 만나 이야기를 듣고, 새로운 술을 많이 접하니 검색을 덜 하기 시작했다. 인기 없는 술은 어떻게 다뤄야 할까. 남들은 모르는 술은 어디서 만날 수 있을까.

양조장에 통달한 지인의 말을 우연히 듣고, 뉴스에 한 번도 나오지 않은 양조장을 찾아간 적이 있다. 그 양조장은 시내에서도 차로 1시간 넘게 가야 하는 데다 그곳의 술은 시중에서 볼 수도 없었다. 한적한 곳에 자리한 양조장에서 별 기대 없이 마셔본 한 잔에 눈이 번쩍 뜨였다. 우리나라에서 이런 술도 만드는구나! 사장님이 오랜만에 찾아온 손님에 신이 나서 이것저것 알려줬다. 그는 얼마의 적자가 나든 10년 동안 묵묵히 술을 빚어왔다고 했다.

그 양조장에서 술을 한 병 들고 서울로 돌아오는데, 갑자기 술병이 터졌다. 더운 날도 아니고, 터질 술도 아니었다. 마개 마감이 잘 안된 것 같았다. 이 술이 전국 배송을 시작했다면 술병의 마개가 문제라는 걸 금방 알았을 텐데. 유명해질수록 품질이 완벽해지고, 완벽한 술은 또 유명해진다. 나는 터진 마개를 닫고 술의 멱살을 잡은 채 기어이 서울로 끌고 왔다. 그리고 여러 사람과 이 한 병을 알뜰하게 나눠 마셨다. 함께 마신 사람들은 그 술에 홀딱 빠졌다. 그렇다. 그는 터졌어도 좋은 술이었다. 다만 지금 당장 그 술이 생각나도 양조장에 가야만 마실 수 있다는 사실이 아쉬웠다.

어느새부터 힙/합/은 안 멋져

언젠가는 시골 마을에 취재를 갔다가 "동네 형님이 술을 기가 막히게 잘 담근다"는 취재원의 수다를 주워들은 적이 있다. 혹시 몰라 술 이름을 메모해뒀지만 까먹고 취재를 못 했는데 반년이 지나 열린 코엑스 주류박람회에서 우연히 그 술을 만났다. 나는 깜짝 놀라 안면도 없는 양조장 대표에게 다가가 "저, 이 술 알아요!"라고 반갑게 외쳤다. 진즉 취재했으면 좋았을걸. 그 일이 있고 나서는 다른 취재가 있더라도 꼭 그 지역에 있는 구멍가게나 하나로마트에 들러 처음 본 막걸리를 산다. 내 주량은 생각하지 않고 욕심껏 샀다가 감당하지 못해 집으로 막걸리를 보낸 적도 있다. 막걸리 택배는 받아주지 않는다기에 근처 시장에 있는 생선 가게에서 스티로폼 박스를 얻어다가 막걸리를 보낸 적도 있다. 몰랐던 맛있는 술을 발견하면 이렇게 보물을 찾은 기분이다.

이런 이유로 나는 '홍대병'에 걸린 사람들을 좋아한다. 이 병의 증상은 스스로 비주류임을 자처하는 것이다. '나는 남들과 달라' '이건 나만 아는 노래야'라면서 인기 없는 취향을 빼기는 사람들을 비아냥거리는 단어이기도 하다. 이들은 대중적인 콘텐츠가 아닌 뚜렷한 자신의 취향을 가지고 있다. 가끔은 이 취향을 과시도 한다. 조금 재수 없을 때도 있다. 하지만 이 병에 걸리면 남이 모르는 취향을 찾으려 열심히 돋보기를 들이밀고, 남들이 가보지 않은 길을 걸으며 탐험한다. 이상하고 실험적인 노래, 영화, 미술도 마음껏 좋아하고 누린다. 가끔은 이를 소개하며, 대중화시키는 데 스스로 불을 붙인다. 어쩌면 트렌드세터인데 '홍대병'으로 불리는 건 억울할지도 모른다.

힙합 서바이벌 프로그램 〈쇼미더머니〉에서 가수 악동뮤지션의 이찬혁이 대뜸 나와 부른 노래는 너무도 낭만적이었다. 어떤 사람은 그

더러 홍대병에 걸렸다고 했다. 비슷비슷한 가사, 서로 흉내 내는 사람들 사이에서 남들 취향을 따라가는 지루함에 일침을 가하는 홍대병 걸린 사람의 모습은 제법 멋이 있었다. 이래서 나는 누군가 마이너한 취미를 가졌다고 할 때 그를 새로 보게 된다. 인기 없는 취미를 자신의 것으로 만들기까지 그의 주변에서 얼마나 재밌는 사건들이 일어났을까. 그럴 땐 그와 친해져서 나도 그의 재밌는 사건이 되고 싶다.

나는 홍대병에 걸렸지만, 또 중증은 아니다. 남모르는 술을 찾아 마시는 데 쾌감을 느끼지만, '자랑'이 합병증이라 인스타그램에 올리지 않곤 못 버틴다. 그렇게 남들이 잘 모르는 술을 올리면 "이건 마셔봐야겠네요!"라는 댓글이 달리는데 그때 가장 뿌듯하다. 진짜로 그 술을 찾아 마시는 사람은 그중 몇 안 되겠지만, 언젠가 누군가 한 명쯤은 진짜로 그 술을 찾아 시내에서도 1시간을 더 달려 양조장을 찾을지 모른다는 기대감이 든다. 이런 기록은 꽤 소중하다. 특히나 영세한 양조장들은 홍보나 마케팅에 취약해서 지나가는 이의 리뷰 한 줄이 든든한 지원군 역할을 한다. 나 또한 네이버 지도에서 '양조장'을 검색했다가, 리뷰는커녕 사진도 전화번호도 없는 장소에 '양조장'이라는 표시만 덜렁 있어 고개를 갸우뚱할 때가 있다. 이런 곳은 폐업한 양조장의 부산물일 때도 있지만, 가끔 그 지역에 오래 뿌리를 내리고 동네 주민들에게만 막걸리를 팔아온 '찐맛집'일 때도 많다.

그러고 보면 술꾼들의 마음속에 자신도 모르는 술병 하나가 있지 않을까. 바로 '홍대'라는 술병 말이다. 회석식 소주와 맥주가 지겨워 전통주를 찾아다니거나. 자신이 새롭게 알게 된 술을 보고 놀라거나. 마셔보지 않은 술을 찾아다니거나. 전통주 열풍도 그러한 홍대병에 걸린 사람들에게 기인했을지도 모른다. 누군가 내게 이런 말을 했다. "술꾼들이 술에 대해 알은척하고 과시하길 좋아하는 건, 술은 마시면 사라지는 것이기 때문이라고." 그래서 술은 혼자 마시는 것보다 같이 마시는 게 좋은 것일지도 모르겠다.

혹시라도 우연한 여행에서 운명처럼 남들 모르는 술을 만난다면, 혼자만 알지 말고 꼭 소문내주길 바란다. '인기 차트'가 주요한 시대에, 홍대병을 기울이는 건 꽤 멋진 일인 듯하니.

취하기 전에 알아야 할 우리술 상식 6

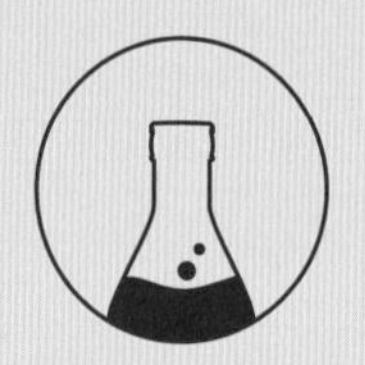

맨정신으로 빠져나올 수 없는 우리술 여행지 12

우리나라엔 약 1400개의 양조장이 있다. 양조장이면 술 만드는 공장이 아닐까 생각하는 것과 달리, 최근 우리나라엔 주변 경관을 고려해 건축한 양조장이 늘었다. 소개하고 싶은 양조장은 참 많다. 그 가운데 여행할 만한 아름다운 양조장 12곳을 어렵게 골랐다.

금풍양조장

100년이라는 시간 동안 한자리를 우직하게 지키며 '금학탁주' '금풍막걸리'를 빚는 양조장. 인천시는 2022년 이곳의 역사적 가치를 인정해 등록문화재로 지정했다. 130평 규모 건물엔 100년 된 우물과 과거 누룩을 보관하던 창고가 보존돼 있고, 전시실과 체험실로 현대화했다.

- **주소:** 인천 강화군 길상면 삼랑성길 8

배상면주가 산사원

'느린마을 막걸리의 고향'이라고 불리는 복합 술문화센터 산사원. 우리나라 최초 '전통술 박물관'이 있다. 이곳의 볼거리는 단연 400여 개의 옹기를 나열한 '세월랑'이다. 세월랑 옹기들은 증류식 소주를 저마다 담고 있다. 견학과 술 빚기 체험 프로그램을 진행한다. 입장료는 4000원.

• **주소:** 경기 포천시 화현면 화동로432번길 25

목도양조장

'목도막걸리' '느티' 등을 빚는 우리나라에서 몇 안 되는 100년 양조장. 2022년 충북도가 등록문화재로 지정했다. 양조장 자체가 박물관이라고 해도 과언이 아닐 정도. 직원이 묵던 숙직실, 술 숙성을 위한 사입실 등이 남아 있다. 옛 양조장에는 꼭 있던 '우물터'도 볼 기회다.

- **주소:** 충북 괴산군 불정면 목도로2길 10

해창주조장

'비싼 막걸리'로 이름난 '해창막걸리'만큼 양조장 건물도 유명하다. 이곳은 일제 강점기 때 일본인 미곡상이 살던 자리로, 쌀 수탈 창고, 일본식 목조 살림집 등 여전히 그 시절 흔적이 남아 있다. 은목서, 영산홍, 천리향 등 수목이 빽빽하게 자란 일본식 정원은 봄에 특히 아름답다.

- **주소:** 전남 해남군 화산면 해창길 1

모월양조장

대통령상을 받은 술 '모월'과 가수 박재범의 '원소주'를 만드는 양조장. 논밭 벗 삼고 있지만, 시내와도 거리가 가까워 주변 관광하기도 좋다. 1층은 양조장, 창이 커서 볕 잘 드는 2층은 시음 공간으로 꾸며져 있다. 가끔 음악회 같은 공연도 열리니 미리 찾아보고 가면 좋다.

- **주소:** 강원 원주시 판부면 판부신촌길 84

하미앙

와이너리이자 경상남도 민간 정원으로도 승인받은 하미앙. 지리산 특산품인 산머루로 와인을 만드는 유럽풍 와이너리다. 와이너리, 정원, 지하 숙성실, 와인 동굴, 카페, 레스토랑 등 부대시설이 다양해 볼거리는 물론 체험거리도 많다. 산책로도 잘돼 있고, 문화공연도 연다.

- **주소:** 경남 함양군 함양읍 삼봉로 442-14

맹개술도가

맹개술도가에서는 직접 농사지은 우리밀로 ‘진맥소주’를 만든다. ‘해가 잘 드는 외딴 강마을’이란 뜻을 가진 맹개마을은 트랙터를 타고 얕은 강을 건너야 비로소 만날 수 있다. 마을은 기암괴석으로 둘러싸여 있고 펜션인 ‘소목화당’이 있어 취하고 뻗어도 괜찮다. 드라마 〈미스터 션샤인〉 촬영지로도 유명하다.

- **주소:** 경북 안동시 도산면 선성중앙길 32

솔송주

하동 정씨 가문 가양주를 현대화시킨 '솔송주'를 빚는 곳. 술 전시와 판매하는 문화관은 개평한옥마을에 있다. 개평한옥마을은 조선 성종 때 유학자인 정여창 선생 후손이 모여 사는 곳으로, 박흥선 명인이 가업을 잇고 있다. 기품 있는 한옥과 술맛을 보기 위해 문화관을 방문한 대통령, 정치인도 많다.

- **주소:** 경남 함양군 지곡면 개평길 50-6

해플스팜사이더리

물 한 방울 타지 않고 애플사이더를 만드는 양조장. 양조장, 과수원, 카페가 한 곳에 모여 있어 '농장 카페'라고 불린다. 카페 규모도 크고, 카페 안에서 유리창을 통해 양조 과정을 볼 수 있다. 특히 '명당'으로 꼽히는 카페 2층에선 사과 농장의 평화로운 모습이 한눈에 들어온다.

- **주소:** 경남 거창군 거창읍 갈지2길 192-8

복순도가

'샴페인 막걸리'로 모르는 사람이 없는 복순도가의 양조장은 '발효마을' 울주군에 먹색 건물로 우뚝 서 있다. 이는 막걸리 재료인 쌀의 볏짚을 태워 만든 재를 입힌 것으로, 미국에서 건축학을 전공한 김민규 대표가 직접 지은 발효 건축물이다. 참고로 벽돌 바를 땐 누룩을 썼다는 사실.

- **주소:** 울산광역시 울주군 상북면 향산동길 48

술익는집

4대에 이어 김희숙 명인이 '고소리술' '오메기맑은술'을 빚는 양조장이다. '고소리'는 전통 소줏고리를 뜻하는 제주 방언이다. 전통 소줏고리로 술을 내리는 몇 안 되는 양조장 가운데 하나로, 전통 소줏고리와 술을 담는 데 썼던 '허벅'과 '술춘'을 볼 수 있다. 따뜻한 봄날엔 아기자기한 정원에 꽃이 만발하는데, 풍겨오는 향기가 술 향인지 꽃 향인지는 알 수 없다.

- **주소:** 제주 서귀포시 표선면 중산간동로 4726

술다끄는집

제주도에서도 가장 제주다운 마을이라는 성읍민속마을에 자리한 곳. '다끄다'는 술을 빚는다는 뜻이다. 강경순 명인은 전통 방식으로 좁쌀을 사용하는 오메기술을 빚는다. 양조장은 초가집이고, 현무암 돌담과 어우러져 토속적이면서 고즈넉하며 정취가 있다. 술 저장고와 누룩방을 둘러볼 수 있고, 간단한 술 빚기 체험도 가능하다.

- **주소:** 제주 서귀포시 성읍정의현로56번길 5

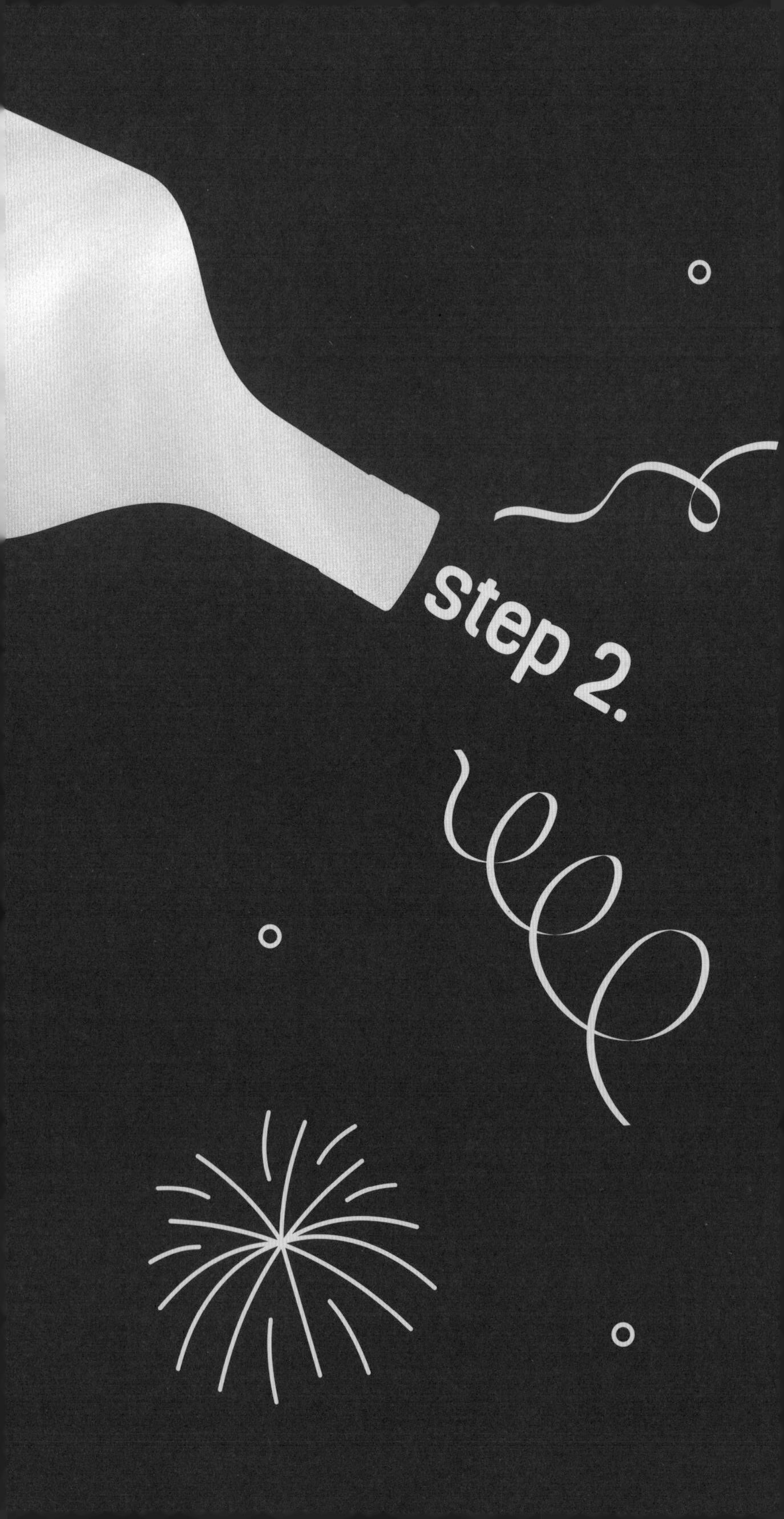
step 2.

옛날 술을 마시는 요즘 사람들

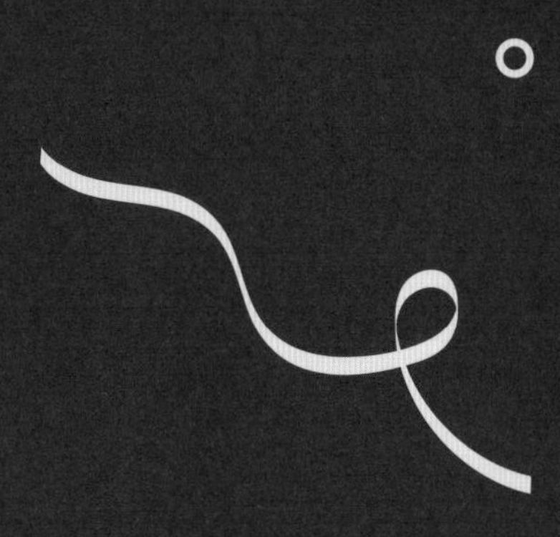

아아! SOOLDOGA!
아아!
SOOLDOGA
아아!
Makgeolli

1

성수동

#한국의브루클린 #맥주성지_팝업성지 #OTOT술도가_내가고제라니

#코리안화이트 #금주협의회 #페어리플레이 #188양조장_도깨비불

#옥수주조_옥수수막걸리 #제3양조_제3탁주_제3소주

성수동은 왜 하필 성수동(聖水洞)일까. 서울 성동구 성수동에 유독 양조장이 많다는 사실을 떠올리면 나도 모르게 키득거리게 된다. 술을 만드는 곳이 많은데 하필 동네 이름이 '성수'인 건 참 재밌는 일이다. 그래, 술은 누군가에게 성수(Holy water)니까.

성수동은 '한국의 브루클린'이라고 불리는 개성 강한 동네다. 오래된 공장지대였지만 젊은 예술가들이 모여 재탄생시켰다는 점에서 미국 뉴욕 브루클린과 비슷하다. 녹슨 철제와 붉은 벽돌로 이뤄진 건물들도 브루클린과 꼭 닮았다. 갤러리, 팝업 스토어, 젊은 양조장들이 하나둘 모여들어 일을 벌이는, 그야말로 힙하고 신나는 동네다.

술과 힙이 강물처럼 흐르는 동네

얼마 전 성수동에 다녀왔다. 거리엔 홍대 입구나 을지로와는 또 다른 '힙스러움'이 있었다. 요즘 하는 농담 중에 성수동에서 가게를 내려면 장발이거나, 수염을 기르거나, 통바지를 입어야 한다고 그런다. 수염을 기를 순 없으니 일로 가든 놀러 가든, 성수동에 갈 땐 어쨌든 'T.P.O.'를 지키려고 통바지를 꺼낸다. 그날도 통바지를 입은 채로 일을 마치고 길거리를 휘적거리며 걷는데 멀리서 익숙한 얼굴이 보였다. 장발에 수염을 기르고 통바지를 입은, 마치 걸어 다니는 성수동 같은 OTOT술도가의 양조사였다. 그는 누군가와 통화를 하는 듯했지만, 곧장 나를 알아보고 눈으로 알은척을 했다. 한 번 본 사이에 반가워해준 그가 고마워 발길을 돌려 볼일을 보고 OTOT술도가로 향했다. 이곳 술은 많이 마셔봤지만, 양조장에 간 건 처음이었다.

OTOT술도가는 거리에 삐딱하게 서 있다. 간판도 없이 4분의 1쯤 내린 가게 철문에 흰 글씨로 'OTOT SOOLDOGA!'라고 괴발개발 써 놓았다. 문 앞에 놓인 홍보 간판엔 '막걸리 팝니다'를 초등학교 때 써본 깜지 모양으로 빽빽하게 갈겨 붙여놓았다. 글자라기보단 그림에 가까운 글씨다. 이곳의 역사는 이제 1년이 조금 넘었으나 워낙 술과 양조장 콘셉트가 독특해 이미 이름이 알려져 있다. '내가 고제라니' '쑥퍼드라이', 송명섭 막걸리를 패러디한 '막걸리입니다만 문제라도?' 같은 괴상기발한 막걸리들이 나온다. OTOT술도가에 들어가니 양조사가 가게처럼 삐뚜름하게 소파에 앉아 일하고 있었다.

가볍게 인사를 건네자 양조사가 수염 사이로 웃는다. 그러고는 냉장고를 뒤적거리더니 대뜸 술 한 병을 준다. 논알코올 막걸리인 '성수동에 혼자 살고 술은 잘 못 마셔요'다. 우리가 처음 만났을 때도 양조사가 이 술을 선보였는데 내 스타일은 아니라고 솔직히 대답했었다. 당시 그는 시무룩한 얼굴로 "딱 세 번만 마시면 마음이 바뀔 거예요"라고 그랬다. 공교롭게도 이날이 이 술을 만난 지 세 번째 되는 날이었고, 그의 말처럼 이제는 정이 들려고 했다.

"안 그래도 개발 중인 술이 있는데, 시음해보실래요?"

양조사에게 이끌려 술도가 안쪽으로 향했다. 그는 담금주가 들어 있을 것 같은 빨간 뚜껑으로 된 큰 플라스틱 통을 꺼내더니 국자로 술을 한 잔 떠줬다. 마시자마자 머리가 찌릿할 정도로 시큼한 맛과 함께 딸기 향이 퍼졌다.

"오 맛있다. 이게 뭔데요?"
"딸기 과하주요."

과하주는 '여름을 넘기는 술'로, 과거 냉장 시설이 발달하지 않았을 때 여름에 술이 쉬자 이를 막기 위해 만든 술이다. 약주에 증류주를 부어 추가 발효를 멈추는 방식으로 만든다. 와인에 증류주를 섞어 도수를 높이는 포트와인과 만드는 방법이 비슷하다.

"오 신기하다. 딸기는 술 만들기 힘들다던데. 근데 좀 느낌이 뭐랄까, '코리안화이트' 같네요."

'코리안화이트'는 OTOT술도가에서 만든 막걸리로 맥주병에 담겨 있는데 깔끔한 산미가 특징이다. 독특한 OTOT술도가에서 '그나마'

대중적인 막걸리다. 막걸리인데도 걸쭉하지 않고 화이트 와인과 느낌이 비슷해 막걸리 잔이 아닌 샴페인 잔에 담아 마시면 좋다. 과하주에서도 독특한 산미와 재미있는 딸기 향이 났다.

"그렇죠? OTOT 술이라 비슷한 느낌이 있을 수도 있어요. 이거저거 해보고 있어요."

"근데 딸기 향이 좀 더 강해도 좋겠는데요."

"엥? 전 이것도 강하다고 생각했는데?"

만드는 자와 마시는 자의 의견 충돌. OTOT술도가에 오니 이런 재밌는 술도 마시는구나 싶었다.

"자, 이제 저 갑니다."

"가시게요? 오신 김에 금주협의회도 가입하시죠."

금주협의회는 '금주'가 목표라면서 금주하지 않는 사람들의 모임이다. 양조장 관계자들이나 양조장 창업이 목표인 사람이 많다. 혹은 그냥 금주를 꿈꾸는 발칙한 술꾼들.

"어떻게 가입하는데요?"

"안 그래도 회장님이 바로 맞은편 건물에 있어요. 금주협의회 티셔츠를 사면 가입돼요. 아님 가입하시면 티셔츠를 줘요."

닭이 먼저냐, 달걀이 먼저냐. 또 그에게 이끌려 따라갔다. 도착한 곳은 OTOT술도가에서 엎어지면 코 닿을 거리에 있는 허름한 건물. 그

리고 그 1층에 비밀처럼 숨겨져 있는 '페어리플레이' 양조장. 페어리플레이는 디자이너 두 명이 모여 창업한 양조장이다. 배로 만든 발효주인 페리, '이제: 배로 만들다'를 제조한다. 이 페리는 나주배로 만든다.

페어리플레이의 문을 열고 들어가자 병입과 라벨 작업을 하는 대표 두 분이 동시에 깜짝 놀란다. 약간 머쓱한 기분에 일단 자기소개를 했다. 이들을 본 적 있지만, 혹시라도 나를 못 알아볼까 봐서였다. 내가 종종 그렇기 때문이다.

"저 그, 기억나시려나. 박 기자예요."

"당연히 알죠! 우리 봤잖아요."

OTOT술도가 양조사는 조금 뻘쭘해하는 나를 두고 금주협의회 티셔츠가 가득 쌓인 상자를 뒤져 옷을 꺼내주었다.

XL 사이즈 티셔츠를 받아 들고 드디어 밖으로 나왔다. 나오면서 속으로 '검정 티셔츠는 고양이 털 묻을 텐데'라는 생각을 했다. OTOT술도가 양조사는 잠깐 사이에 내 혼을 잔뜩 빼놓고는 기꺼이 배웅해주었다. 그 일이 있고 몇 달 뒤, 문득 그날 마신 딸기 과하주가 생각나 연락해봤더니 그가 시무룩한 목소리로 그 술은 언제 나올지 아직 기약이 없다고 했다. 이유는 평범해서. 맛있게 마신 술이 나오지 않아 아쉽지만, 평범하지 않은 것들을 계속 추구하는 그들이라 좋다.

우리술의 현재를 보려거든 성수동으로 가라

성수동에선 OTOT술도가와 페어리플레이를 포함한 소규모 양조장 7곳이 모여 협의체를 구성해 함께 활동 중이다. 자체 시음회를 열고 지역 축제에도 참여한다. 품앗이하듯 서로 돕는 모습은 몇 년 전만 해도 상상할 수 없었던 풍경이다. 오로지 '전통주'라는 카테고리 안에서 젊은 대표들이 서로 신나는 일을 해보자고 '으쌰으쌰' 하고 있으니 말이다.

이들이 다 함께 여는 시음회도 한 번 가봤다. 시음회는 주택가 한가운데서 열렸다. 주변 주택가의 불이 꺼진 밤, 시음회가 열린 장소에만 사람들이 북적거렸다. 그래, 이 모습 미드(미국 드라마)에서 봤다. 모두 외국에서 열린 파티처럼 술을 한 잔씩 들고 서서 대화를 나누었다. 다만 그게 칵테일이나 샴페인이 아니라 막걸리였을 뿐. 한쪽에선 약수통에 한가득 담은 막걸리를 웰컴주로 넉넉하게 나눠줬다. 낯이 익은 양조장 대표들과 주류 업계 관계자들, 그리고 물어물어 찾아온 양조장 대표들의 지인들이었다. 양조장 대표들이 직접 만든 안주도 함께 곁들였다.

모인 7곳 양조장은 각각 작은 부스를 만들어 시음회에 오는 이에게 술을 소개했다. 막걸리, 약주, 소주, 과하주, 사과로 만든 발효주인 시드르, 페리, 콤부차까지 다양한 술과 재료들이 시음회장을 가득 채웠다.

지금은 폐업한 188양조장은 이화주를 만드는 누룩인 '이화곡'으로 막걸리 '도깨비불'을 빚었다. 김수미 작가의 '도깨비' 시리즈를 라벨에 사용해 SF 문학 작품 같은 느낌을 냈다. 옥수주조는 맥주를 만들던 대표가 막걸리를 빚으려고 차린 양조장이다. 달고 부드러운 찹쌀막걸리도 좋고 양조장 이름이 '옥수주조'라 어쩔 수 없이 만들었다는 옥수수 막걸리는 더 괜찮다. 국산 옥수수는 술 빚기엔 당도가 부족하고 가격이 비싸서 그에 대한 고민이 많다고 털어놨는데, 결국 국산과 외국산 옥수수를 섞어 쓰는 것으로 합의를 봤다고 한다.

더구나 이날은 자유로운 분위기의 시음회라서 양조장에서 실험 중인 술도 여럿 나왔다. 가령 제3양조에선 '제3탁주'라는 글자를 펜으로 지운 막걸리 병에 소주를 담고 '제3소주'라고 고쳐 써서 가져왔다. 도수는 47도. 물론 이것도 손 글씨로 쓰여 있었다.

시음회가 끝난 그 자리에서 곧바로 뒤풀이가 이어졌다. 모두 진열했던 술을 풀어놓고 책상을 이어 붙였다. 서 있던 사람들이 어디서 나타났는지 모를 의자들 위로 하나둘 앉았다. 이 양조장, 저 양조장 술을 번갈아 마시며 시간 가는 줄 모르고 흥겹게 취했다. 모두 아는 사이고, 모르는 사이여도 금세 친구가 됐다. 술에 취하니 이상하게도 덧없는 과거 이야기보다 꿈 많은 미래 이야기를 나누었다. 뭘 하고 싶은지, 어떤 술을 만들 것인지. 그 사이에 있으려니 꿈을 꾸는 것 같은 기분이 들어 의자에 등을 기대고 조금 떨어져 그 광경을 한참 바라봤다. 나도 그 자리에서 몇 명과 인스타그램 주소를 교환했다.

"아니, 다들 이런 행사는 어떻게 찾아서 오는 거예요?"

혹시라도 다음에 이런 행사가 열릴 때 놓칠까 싶어 물었다.

"뭐, 알음알음?"

우리술이 이렇게 힙한 것이었나? 이렇게 힙해도 되는 것이었나?

전통주 하면 아직도 명절의 보자기에 싸인 도자기 병만 떠올리는 사람들에게 이런 방식의 전통주 소비는 새롭게 느껴질 것이다. 술도 술

이지만, 술을 대하는 태도와 철학, 그리고 이들이 만드는 문화가 즐거웠다.

일행이 없어도, 가까운 곳에 살지 않아도, 술을 못 마셔도, 성수동에 있는 양조장엔 꼭 한 번 가보시길. 예상치 못한 즐거운 경험들이 기다리고 있을지 모른다.

옥수주조의 귀여운 잔

취하기 전에 알아야 할
우리술 상식 7

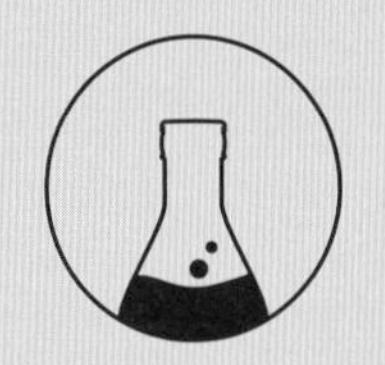

한 잔의 우리술은
어떻게 만들어질까?

주세법에서는 술의 종류를 주정, 발효 주류, 증류 주류, 기타 주류로 구분한다. 여기에는 전통주에 해당하는 술(막걸리, 과실주, 증류주 등)도 있고, 아닌 술(맥주, 희석식 소주, 위스키 등)도 있다.

- **주정:** 녹말, 당분이 포함된 재료를 발효시켜 알코올분 85도 이상으로 증류한 것으로 희석식 소주의 재료로 쓰인다.
- **발효 주류:** 곡물, 과일 등을 발효시킨 술로 탁주, 약주, 청주, 과실주, 맥주가 이에 속한다.
- **증류 주류:** 발효주를 증류한 술로 소주(희석식, 증류식), 브랜디, 위스키, 일반증류주, 리큐르가 있다.
- **기타 주류:** 기타 정의되지 않은 술, 어느 분류에도 해당하지 않는 술.

우리술 제조 과정

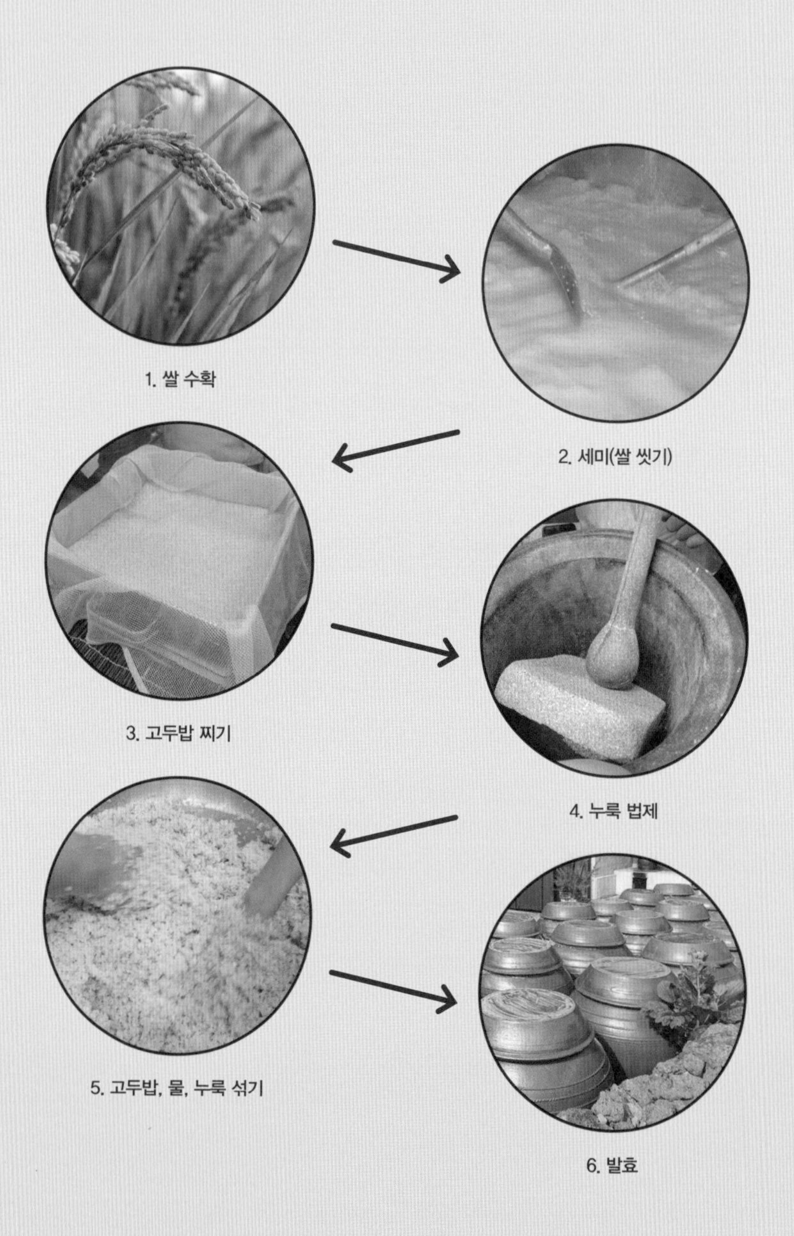

1. 쌀 수확

2. 세미(쌀 씻기)

3. 고두밥 찌기

4. 누룩 법제

5. 고두밥, 물, 누룩 섞기

6. 발효

술독에서 일어나는 일

막걸리, 동동주 등 우리가 마시는 뿌옇고 든든한 술들은 대부분 탁주에 속한다. 이 탁주들은 전분질이 있는 곡물로 누룩을 섞어 발효시킨다. 발효주는 양조주라고도 부르며 과일의 과당을 사용하거나 곡물의 전분을 당화해 효모를 통해 발효시켜 만든다. 대표적인 발효주류로는 탁주, 약주, 청주, 과실주가 있고, 전통주는 아니지만 맥주도 발효주에 속한다.

- 항아리 위쪽 술만 떠내면 맑은술(약주 · 청주)
- 항아리의 내용물을 섞어 탁한 부분을 거르면 탁주
- 항아리 전체를 증류하면 증류주

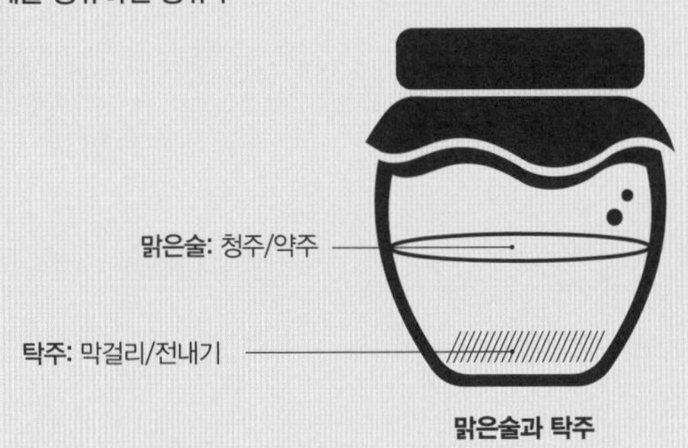

맑은술과 탁주

술독의 아랫부분, 탁주의 3단 변신

- 탁주에 물을 섞어 거르면 '이제 막' 걸렀다는 뜻에서 막걸리
- 탁주 그 자체! 물을 섞지 않은 술, 전내기

탁주 위 맑은술, 청주와 약주

- 쌀의 중량을 기준으로 누룩이 1% 미만이면 청주
- 쌀의 중량을 기준으로 누룩이 1% 이상이면 약주

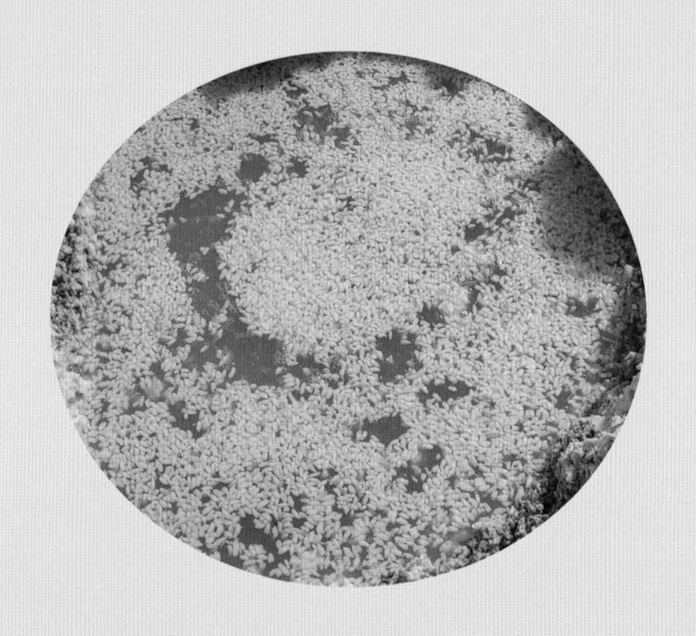

동동주는 이름도 많지

'동동주'라는 이름은 술이 익는 과정에서 떠오른 밥알의 모양에서 비롯했다고 전해진다. 막걸리와 헷갈리는 사람이 많지만, 막걸리는 익은 술을 지게미와 한데 섞고 물과 혼합해 거른 술로, 지게미를 가라앉히고 맑은 부분만 사용하는 동동주와는 다른 술이다.

동동주에 동동 뜬 밥알의 모습을 보고 옛사람들은 마치 흰 꽃이 핀 것 같아서 '백화주', 매화 같다며 '매화주'라고도 불렀다. 개미의 흰 유충이 떠 있는 모습이라며 '부의주'라고도 불렀다고 한다.

2

하이볼 전성시대

#하이_볼_High_ball #핸드릭스_진 #홈술_홈텐딩

#오미나라_문경바람오크 #위대한개츠비_진리키

#위스키쇼핑여행_퀵턴족 #츄하이

무더운 여름밤이면 시원한 하이볼이 생각난다. 술이 고픈 날, 하이볼 전문 바(bar)에 다녀왔다. 한적한 주택가에 있는데도 빈자리가 없어 발길을 돌리는 사람도 많았다. 그곳에는 퇴근길의 직장인, 음악, 그리고 얼음을 가득 넣은 하이볼과 술을 말아주는 수염을 기른 젊은 사장님 둘이 있었다.

"둘이 닮았다. 조심히 봐봐."

일행의 말에 나는 벽에 있는 술을 구경하는 척 가게 주인을 힐끔거렸다.

"그렇네. 형제 같네."

사람들은 왜 닮은꼴 찾아내는 걸 좋아할까. 결혼식장에서 누가 누구 동생인지, 누나인지 알아맞히는 그런 하객처럼 말이다. 우리는 형제로 추측되는 그들을 흘깃거리며 메뉴판을 살폈다.

하이볼 전문 바, 디깅하이볼클럽

하이볼이 'High Ball' 인 이유

위스키로 만든 하이볼이 가장 유명하지만, 여러 증류주에 얼음과 탄산수를 더한 칵테일을 통틀어 하이볼이라고 부른다. '하이볼'이라는 이름에는 여러 가설이 있는데, 그중 가장 유력한 건 기관사 신호에서 따왔다는 설이다. 옛날엔 기차가 출발할 때 끈에 공을 매달아 신호를 표시했는데, 끈을 당겨 공을 높이 올리는 게(하이볼) '최대 속력'이라는 의미였다. 당시 기차 식당칸에서 증류주에 탄산수를 섞은 레시피가 가장 빠르고 간편해 이를 '하이볼'이라고 불렀다는 것이다. 또 위스키의 고장 영국에서는 상류층이 위스키에 탄산수를 탄 술을 즐기면서 골프를 치다가 취할수록 공이 빗맞는 것을 보고 "하이 볼(High ball)!"이라고 외쳐서 하이볼이 됐다는 이야기도 있다. 둘 다 흥미로운 이야기지만 정답은 알 수 없다. 어쨌든 하이볼은 영국에서 시작돼 미국으로 갔다가, 일본에서 부흥했다고 한다.

그 바는 마치 뷔페 같았다. 먼저 증류주를 고르고, 그에 어울리는 탄산수를 선택한다. 흔히 하이볼은 저렴한 위스키를 사용한다고 알려져 있지만 그것도 옛날 말이다. 요즘은 오히려 비싼 위스키를 사용해 진짜 맛있는 하이볼을 만든다. 위스키뿐만 아니라 진을 활용하기도 하고, 스페셜 하이볼이라는 이름으로 전통주로 만든 하이볼도 팔고 있다.

종류가 많으니 행복한 고민이 이어진다. 위스키 하이볼 페이지를 만지작거리다가 결국엔 위스키 하이볼 대신 핸드릭스 진으로 만든 하이볼을 선택했다. 진은 주니퍼베리, 허브를 넣어 증류한 향이 강한 술이다. 얼음 가득한 잔에 핸드릭스 진과 토닉워터를 넣고 오이를 썰어 넣으면 하이볼(진토닉) 완성이다. 핸드릭스 진은 영국 스코틀랜드에서 생산하는 프리미엄 진으로 11가지 허브와 장미꽃, 오이 에센스가 주원료다. 핸드릭스 진은 뜨거운 여름날과 어울린다. 때를 놓쳐 꽃을 늦게 피운 장미와 살갗이 따가울 정도로 쏟아지는 햇살, 한참 얼음물에 담갔다가 통째로 건네진 껍질 벗기지 않은 오이. 땀을 뻘뻘 흘리다가 오이를 통째로 베어 물면 얼마나 청량하고 싱그러운가. 여름날 하이볼이 이렇게 좋다. 마시기만 해도 더위를 빼앗기니.

요즘 한국은 하이볼이 제철

하이볼이 이렇게 대우받은 적이 있나 싶다. 코로나19 확산으로 '홈술'을 마시기 시작하면서 '양보다 질'을 추구하는 음주 문화가 확산했는데, 이때 뜬 게 위스키다. 위스키가 성장세에 접어드니 덩달아 성장한 것이 바로 하이볼이다. '홈텐딩(홈+바텐딩)'까지 유행하면서 저렴한 위스키에 탄산수 따위를 척 말아 마시는 행위가 외로웠던 코로나 격리를 이겨내는 힘이 된 것이다.

덕분에 이제는 편의점에서도 여러 종류의 하이볼 캔을 만날 수 있게 되었다. 캔 하이볼에 사활을 건 제조사가 생기는 한편, 기존 증류주 회사들도 하이볼 마케팅에 뛰어들었다. 지난해에는 편의점에 갈 때마다 못 보던 신제품이 기다리고 있을 정도였다.

"기자님, MZ세대잖아요. 진짜 솔직히 말해봐요."

인스타그램에 하이볼 게시물을 올렸더니 아침부터 한 증류주 업체에서 전화가 왔다. 간혹 MZ세대 의견을 구하는 전화를 받곤 한다. '진짜 솔직히'면 솔직히 답하기 전에 긴장이 된다.

"드라이한 하이볼이 먹힐까요?"
"글쎄요. 한국인들은 달달한 토닉워터 하이볼이 익숙하지 않나요? 그래도 지금 시장에 없는 하이볼을 내는 건 해볼 만할 것 같아요."

증류주 업체에서도 하이볼 시장 문을 연신 두들기는 모습이다. 하이볼을 만들어야 할지, 그렇다면 어떤 하이볼을 만들어야 할지. 탄산수만 섞으면 너무 밍밍하게 느끼진 않을지. 실은 일본에서 인기 있는 드라이한 위스키 하이볼은 위스키 자체의 향이 세기 때문에 달지 않아도 괜찮은 거지, 일반 소주에 탄산수만 섞으면 자칫 탄산 넣은 소주처럼 되기 쉽기 때문이다. 어떤 하이볼이 괜찮을지는 조금 더 시장을 지켜봐야겠지만 비슷비슷한 하이볼 틈에서 개성 있는 하이볼이 더 좋지 않을까.

하이볼의 인기에 힘입어 하이볼에 넣는 부재료들도 덩달아 잘 팔린다. 마치 '짜빠구리'가 유행했을 때 짜파게티와 너구리 둘 다 팔 수 있었는 일과 비슷할 것이다. 얼음, 토닉워터 같은 탄산수, 레몬시럽 등 부재료의 종류도 다양해졌다. 얼음도 가지각색이다. 하이볼용으로 만든 커다란 얼음부터 칼라만시 시럽을 넣은 얼음, 잘게 부숴 만든 일명 '커피빈' 얼음 등 소비자 취향을 맘껏 반영하고 있다. MBC의 인기 예능 프로그램 〈나혼자산다〉에서 얼그레이 시럽을 이용한 하이볼이 나왔는데 그 덕에 얼그레이 맛 토닉워터도 등장했다. 전부터 묵은 차들을 소주에 담갔다가 사이더, 얼음을 타서 집에 놀러 온 친구들에게 대접하곤 했다. 친구들도 차를 우려낸 하이볼이 향긋하고 맛있다고 좋아했다. 방송을 통해 얼그레이 하이볼이 유행했을 때 무릎을 치며 감탄했다. 얼그레이로 하이볼을 만들어볼 생각은 하지 못했기 때문이다.

하이볼에 대한 반응이 좋으니, 소셜 모임 네트워크인 넷플연가에서 '전통주 칵테일 워크숍' 원데이 클래스 개최를 제안해왔다. 그때 준비한 세 가지 칵테일 중 두 가지가 증류주를 활용한 칵테일이었는데, 경북 문경 오미나라에서 만든 '문경바람오크'를 넣은 '문경바람 하이볼'이 그중 하나였다. 다른 하나는 영화 〈위대한 개츠비〉에 나오는 진리키 칵테일에서 영감을 받은 '담솔 리키'로 정했다. '담솔 리키'는 경남 함양의 솔송주를 증류한 리큐르 '담솔'을 활용해 내가 만든 레시피다.

'문경바람오크'는 우리나라 1호 위스키 마스터 블렌더인 이종기

대표가 만든 술이다. 문경 특산품인 사과로 술을 빚어서 증류해 오크통에서 숙성시켜 빚는다. 술 한 병에 사과가 7.5개 들어간다고 한다. 문경바람오크는 진한 사과 향이 느껴지며 증류주인데도 부드럽고 달콤한 맛이 특징이다. 특히 하이볼로 마셨을 때 사과 향이 깨어난다고 말하는 사람이 많았다. 어려운 레시피도 아니어서 누구나 쉽게 따라 할 수 있다.

우리술 중에서도 하이볼로 시도해볼 만한 증류주가 많다. 물론 비싼 외국산 위스키와 비교하기 시작하면 끝도 없지만 우리 증류주도 하이볼로 마시면 스트레이트로 마셨을 때와는 또 다른 매력이 있다. 도수가 낮아 주량이 약해도 편하게 마실 수 있다는 점도 좋다. 하이볼 열풍이 분 김에 어디서든 쉽게 우리술로 만든 하이볼을 마실 수 있었으면 좋겠다. 간혹 하이볼 바나 위스키 바에서 만나는 우리술 하이볼은 마치 오랜 친구를 우연히 만난 것처럼 반갑다. 우연하고 반가운 만남이 많아지길 바란다.

하이볼의 고향, 일본

일본에서 하이볼은 사케나 맥주만큼 인기가 많다. 음식점 메뉴판에 하이볼이 없어도 “사쵸, 하이볼 구다사이(사장님, 하이볼 주세요)”라고 주문하면 술이 나온다. 일본에서 하이볼은 대개 위스키로 만든다. 일본은 우리나라보다 주세가 낮아 위스키가 싸고, 그래서 위스키로 만든 하이볼도 저렴하다. 한국에선 8000~9000원 하는 하이볼을 일본에선 4000~6000원에 마실 수 있다. 생맥주 가격과 거의 동일하다. 비싼 위스키들도 우리나라보다 두세 배는 싸다 보니 주량이 센 한국인은 혈관에 위스키를 채워 넣으려는 기세로 술을 마시고 오기도 한다.

교토에서 만난 한 바텐더의 말로는, 코로나19 확산 이전 한창 한국에서 일본 오는 비행깃값이 저렴했던 시절, 한국인 바텐더들이 일본을 수시로 오가며 위스키를 대량으로 구매하는 ‘위스키 여행’을 하곤 했단다. 일본 가서 관광은 고사하고 위스키만 사오는 이들을 부르는 ‘퀵턴족’이라는 단어도 있다. 최근 한국에서 하이볼 열풍이 불면서 ‘가쿠빈’이나 ‘히비키’ 같은 인기 위스키들은 현지에서도 구하기 어려워졌다.

오랜만에 일본에 다녀왔다. 코로나19 확산으로 하늘길이 막혀 있다가 풀렸기에 불쑥 떠난 여행이었다. 일본에서 하이볼을 마신 건 이번이 처음이다. 오사카 난바 근처에 있는 시장에는 타코야키와 삶은 껍질콩 같은 간단한 안주에 하이볼이나 위스키를 마실 수 있는 노상 가게가 여기저기 있다. 직장인들이 노상 가게에 앉아 담배를 뻐끔뻐끔 피우고 술을 주문하곤 한다. 일본에 간 첫날, 호기롭게 하이볼을 주문했다. 그런데 나온 위스키 하이볼은, 내 입맛엔 그저 위스키에 얼음과 물을 왕창 탄 맛이었다. 하이볼보다는 온더록스에 가까운. 그간 얼마나 토닉워터에 길들여진 혀였던가.

밍밍한 하이볼이 별로면 '츄하이'라는 술도 있다. 소주(일본어로 소츄)의 '츄'와 하이볼의 '하이' 합성어다. 소주에 탄산수를 섞고 여기에 과즙을 넣어 만든 도수 낮은 칵테일이다. 마셔보면 한국에서도 한때 유행했던 과일 맛 소주 생각이 나는데, 안 그래도 일본에서 한국의 과일 맛 소주들이 잘 팔린다고 했다.

재밌는 건 한국에서 하이볼은 아직까지 젊은이의 술인 반면, 일본에선 남녀노소 막론하고 모두 즐긴다는 점이었다. 일본 여행에선 되도록 현지인이 가는 맛집을 방문하려 노력했다. 어떻게 하면 '인스타 감성' 맛집을 피할 수 있을까 고민하다가 주변에 50대 회사원들이 보이면 일단 멈춰 서기로 했다. 거기다 50대 회사원이 한껏 술이 오른 채로 나오면 합격. 그들이 기분 좋게 취해서 나오는 단골집이라면, 왠지 가성비가 좋은 '찐맛집'일 거라는 기대감에서다.

"이랏샤이 마세!(어서 오세요!)"

어렵사리 찾은 도톤보리 근처 후미진 골목의 한 이자카야는 그런 집이었다. 가게 주인조차 하던 인사를 멈추고 낯선 한국인의 등장을 의아해하는 듯했다. 그곳에선 50대 일본 회사원들이 거짓말처럼 각자 하이볼을 시키고 안주를 즐기고 있었다. 그도 그럴 것이 우리야 하이볼이 젊은 세대에서 인기 있는 '힙한 술'이지만, 일본에서는 경제 침체기 때부터 사랑받았던 술이라고. 위스키를 사서 마시기엔 지갑 사정이 영 좋지 않으니 위스키 향이 나면서도 목 넘김이 부드러운 하이볼을 선택했다는 것이다. 일본 이자카야나 노상 가게에 가서 하이볼 한 잔에 그럴듯한 안주를 시키면 1만 원이 채 넘질 않는다. 퇴근길에 혼술하기 딱 좋은 가격대다.

일본 오사카 도톤보리의 노상 가게 하이볼

하이볼 한 잔에 이자카야에서 파는 '오늘의 초밥'을 안주 삼아 야식을 먹었다. 기름이 자글자글한 참치초밥과 청량한 하이볼은 기가 막히게 어울렸다. 50대 회사원들이 거나하게 취해 이런저런 떠드는 소리를 음악 삼아 목구멍으로 꿀떡꿀떡 잘도 넘겼다.

하이볼을 만들어 먹으려 인생 처음으로 일본에서 고가의 위스키도 한 병 사봤다. 욕심부리지 않고 딱 나 먹을 한 병. 이걸로 하이볼 만들어 먹는다고 하니 일행의 두 눈이 동그래진다.

"그걸 하이볼로 먹는다고? 그거 감성돔으로 라면 끓이는 수준 아니야?"

누가 뭐래도 술 못 마시는 게 이럴 땐 좋다. 한 병 사도 강제로 아껴 마시게 되지 않겠는가. 마치 '새콤달콤' 캐러멜을 떠올리면 입 안에 침이 고이는 것처럼, 요즘은 일이 안 풀리면 머리 깨질 정도로 차가운 하이볼을 시원하게 넘기고 싶다. 그럼 보글보글 차오르는 탄산과 함께 근심과 걱정도 넘어가고 말겠지.

취하기 전에 알아야 할 우리술 상식 8

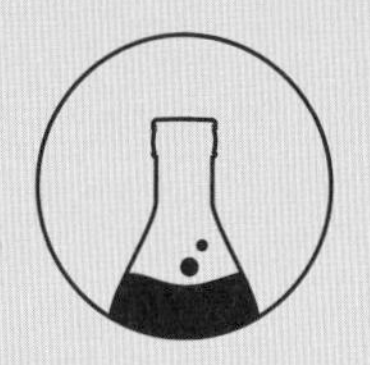

이슬처럼 영롱한 전통 소주의 세계로

증류주란 발효로 얻은 술을 증류해 알코올 함량을 높인 술이다. 소주 그리고 위스키, 브랜디, 진, 럼, 데킬라, 보드카 등이 모두 증류주다. 그 가운데 소주는 곡물을 발효시켜 증류해서 얻는 술이다. 증류 방식에는 크게 상압식, 감압식 증류법이 있다. 과거엔 상압식 증류법만 있었지만, 기술이 발달하며 낮은 온도, 낮은 기압에 증류하는 감압식 증류법이 생겼다.

전통 소줏고리

상압식

상압식 소주는 끓는점이 높은(고비점, 高沸点) 성분이 증류되어 감압식 소주보다 훨씬 풍부한 향이 난다. 우리나라 전통 소줏고리로 내리는 소주나 단식 증류기로 내리는 스카치위스키는 대표적인 상압식 증류법이다.

- **원소주 클래식:** 강원 원주 원스피리츠 | 28도
- **민속주 안동소주:** 경북 안동 민속주 안동소주 | 45도
- **소주다움:** 경기 파주 미음넷증류소 | 27·45·59.5도

상압식 단식 증류기

상압식 다단식 증류기

감압식

감압식 소주는 풍미는 적지만 맑고 깨끗한 느낌을 준다. 최근 들어 많은 증류소에서 효율을 높이기 위해 감압식 증류법을 택하고 있다.

- **원소주 스피릿:** 강원 원주 원스피리츠 | 24도
- **문배주:** 경기 김포 문배술 양조원 | 23 · 25 · 40도
- **명인 안동소주:** 경북 안동 박재서 명인 안동소주 | 19 · 22 · 35 · 45도

감압식 증류기

니트? 온더록스? 하이볼?
어떤 식으로 마실까?

답은 간단하다. 본래의 맛을 즐기길 원하면 니트로, 도수가 부담스럽다면 얼음을 넣어서 온더록스로 즐기는 것이다. 20도의 벽을 진즉에 무너뜨린 희석식 소주와 달리 증류식 소주는 25도 아래를 찾아보기 힘들다. 증류식 소주 자체를 홀짝홀짝 마시기보다 다양한 변주를 고민하는 이유가 바로 여기에 있을 것이다. 어떤 사람들은 소주에 물을 소량 섞어서 마시기도 한다. 심지어 위스키는 소량의 물을 넣으면 풍미가 극대화된다고 스포이드를 내어주는 술집이 있을 정도다. 얼음과 탄산수를 섞어 만든 하이볼은 청량한 맛과 부담 없는 도수로 찾는 이가 많다.

기분을 내기에는 충분한 '칭따오 논 알콜릭'

3

누군가에게는 최선의 선택, 무알코올

#와카코와_술 #다이어터의_술

#무알코올과_비알코올

#칭따오_논알콜릭 #하이네켄_0.0

예전엔 가뭄에 콩 나듯 했던 게 요샌 안방인 양 자리를 차지하고 있다. 무알코올 주류 말이다. 쇼핑센터의 주류 코너에 가면 한 줄이 무알코올일 정도다. 어떤 걸 골라야 할지 쉽게 결정하지 못할 정도로 종류가 많다. 무알코올 맥주, 무알코올 칵테일 등 구색도 제법 갖춰져 있다. 술은 마시고 싶지만 머리 아픈 건 싫을 때, 무알코올 주류는 괜찮은 대안이다.

모두를 위한 무해한 거짓말

내가 처음 무알코올 주류를 본 건 일본 드라마 〈와카코와 술〉에서다. 주인공인 와카코(타케다 리나 분)가 혼자서 맛있는 술과 안주를 찾아다니는 일상 드라마다. 원래는 만화인데 이게 인기를 얻자 드라마로 만들었다. 혼밥할 때는 입맛을 돋우기 위해 음식 나오는 드라마 보는 걸 좋아하는데, 한때 다정한 '밥친구' 중 하나였다.

주인공인 와카코는 직장 동료가 임신하면서 평소 좋아하던 맥주를 마시지 못하게 되자 대안으로 무알코올 맥주를 내민다. 술을 좋아하던 사람이 갑자기 10개월 동안 좋아하던 걸 참아야 한다면 얼마나 고통스러운 일일까. 와카코는 술로 조용한 공감을 건넨다. 그땐 한국에서 무알코올 맥주가 유행하기 전이라 저게 빨리 들어왔으면 좋겠다고 속으로 빌었다. 한창 회식 술자리에 시달리고 있을 무렵이었다. 맛도 궁금했다. 알코올을 뺀 맥주가 과연 맛있을까? 〈와카코와 술〉에서 나온 것처럼 한국에서 무알코올 맥주는 임산부처럼 어쩔 수 없이 술을 피해야 하는 사람만 마시는 술이었다.

한참 지나 처음 무알코올 맥주를 다시 만난 건 코로나19가 한창 유행했을 때다. 코로나19 접종을 3차까지 맞았는데, 힘들었던 1차와 2차 접종 때와는 달리 3차는 맞을 만했다. 생각보다 대기 줄이 짧아 시간이 남았던 찰나에 곧바로 야구장 티켓 현황부터 확인했다. 주사가 아프지만 않으면 야구장으로 쏜살같이 달려가겠다고 결심한 터였다. 다들 알겠지만 예방접종 후엔 음주를 피해야 한다. 야구장에서 맥주 한잔은 하고 싶고, 그렇다고 주사 맞고 열이 슬금슬금 오르는데 알코올을 목구멍에 때려 붓기엔 겁이 나고 해서 선택한 게 무알코올 맥주였다. 편의점 냉장고에 '하이네켄 0.0' 맥주가 기다리고 있었다. 차디찬 맥주를 들고 잠실구장으로 달려가 곧장 야구를 직관했다. 이게 예방접종을 해서 나는 열인지, 경기 결과에 속이 터져서 나는 열인지 모를 지경이었지만, 그날 차가운 무알코올 맥주는 최선의 선택이었다.

무알코올 맥주도 종류가 다양하다. 무알코올과 비알코올은 다르다. 알코올이 전혀 없으면 '무알코올'이라 하고, 1% 미만이면 '비알코올'이라 한다. 처음에 들어왔을 땐 이 표기법이 헷갈려서 비알코올을 마셨다가 알코올이 들어 있다는 걸 알고 항의하는 일도 많았다고 한다. 주류 시장엔 무알코올 주류보단 비알코올 주류가 많기 때문이다.

그럼 무알코올 맥주도 많이 마시면 취할까? 정답은 '아니다'이다. 매실청, 콤부차나 슈크림빵 등 우리 주변에는 소량의 알코올이 들어간 음식이 의외로 많다. 발효 과정에서 알코올이 발생할 수 있기 때문이다. 물론 그런 음식으로 얼큰하게 취할 일은 없을 테지만.

무알코올 음료는 온라인 구매도 가능하다. 그러나 미성년자에게 파는 것은 불법이다. 아무리 알코올이 없어도 맥주 맛이 나는 음료는 정서상 유해하다고 판단해 성인용 음료로 규정한다. 총 모양 장난감이나 담배 모양 과자를 판매하지 못하게 하는 것과 비슷한 이유다. 하지만 나는 엄연한 성인이기에 온라인으로 장을 볼 때면 무알코올 맥주를 한 개씩 끼워 넣는다. 예전엔 무알코올 주제에 가격이 비싸 손을 덜덜 떨면서 한 개씩 추가하곤 했는데, 요즘은 일반 맥주와 가격이 비슷해져서 부담도 없다. 아마 사람들이 그만큼 많이 마신다는 뜻이겠다.

무알코올 주류 예찬은 비단 젊은 층만의 일이 아니다. 내가 만난 무알코올 '덕후'는 택시 기사님이었다. 택시에 타면 왜인지 원래도 외향적이었던 성격이 더욱 밖으로 나가려고 안간힘을 쓰는데 그날도 택시 기사님과 도란도란 수다를 떨고 있었다. 택시 기사님은 자신이 가장 좋아하는 음료가 무엇인 줄 아냐며, 지금도 트렁크에 '칭따오 논 알콜릭'이 한 박스 실려 있다고 했다. 택시 기사님과 아무 생각 없이 이야기를 나누다 문득 '칭따오 논 알콜릭'은 무알코올이 아니라 알코올이 0.05% 들어간 비알코올이란 게 떠올라 순간 식은땀을 흘리며 물었다.

"기사님, 혹시 오시기 전에 드신 거 아니죠?"
"에이, 당연히 한잔했지. 무알코올이잖아요."
"네에?"
"농담이에요. 보통 아침 일찍 운전해야 하니까 과음하기 싫어서 마시는 거지. 이따 일 마치고 마시려고 사놨어요."

기사님의 말에 남몰래 안도의 한숨을 내쉬었다. 그는 혼술은 하고 싶은데 머리가 깨지는 느낌이 싫어서 '칭따오 논 알콜릭'만 마신다고 했다.

"근데 왜 하필 칭따오예요?"
"그게 제일 맥주 같으니까!"

택시 기사님의 이 한마디 때문에 나는 무알코올이나 비알코올 주류를 고를 기회가 있으면 '칭따오 논 알콜릭'을 마신다. 원래 맥주보다는 덜 쓰면서 끝맛에 구수한 보리 향이 느껴진다. 물엿을 먹으면 느껴지는 끈끈한 당분이 혀를 간질인다. 기분 탓인지 모르겠지만 살균 막걸리를 마셨을 때 미끄덩거리는 느낌이 조금은 있었다. 살균 막걸리는 생막걸리와 아주 큰 차이는 없지만, 덜 청량하지 않던가. 무알코올 주류도 그와 비슷하다. 당연히 알코올이 있는 맥주보다 맛은 덜하다. 끝맛에 술 같지 않은 느낌이 있다. '진짜 광기'와 '가짜 광기'가 있다면, 무알코올 주류의 탄산은 톡톡 튀는 게 일부러 애쓰는 '가짜 광기' 느낌이랄까. 그래도 트렁크에 한 박스씩이나 싣고 다니면서 소소한 음주 생활을 하고 있는 택시 기사님의 인증 덕에 '칭따오 논 알콜릭'은 심적으로 가깝게 느껴진다.

먹지 못할 술이 고플 때, 이만한 친구가 없다

한때 온라인에서 젊은 세대끼리 화제가 된 토론거리 중 하나는 "회사 근무 중에 무알코올 주류를 마셔도 되느냐"였다. 그야말로 갑론을박이 펼쳐졌다. 실은 이 문제에 대해서 진지하게 생각해본 적은 없다. 취재원을 만나면 으레 낮술 한잔을 했고, 게다가 주류 담당 기자라서 어쩔 수 없이 술을 마셔야 하는 경우가 왕왕 있었기 때문이다. 하지만 내근직을 하는 회사원들에게 이 문제는 꽤 충격적인 이슈였는지 SNS에서 꽤 오랫동안 토론거리였다. 이는 실제 친구들끼리도 논쟁의 소재였는데, 친구 중 한 명은 연초와 전자담배를 비교하며 전자담배를 실내에서 피우면 되겠냐고 반박했지만, 또 다른 친구는 "주변에 피해 주는 게 아닌데 대수냐"라고 응수했다.

나는 딱히 어느 쪽 편도 들지 않고 방관하고 있었다. 싸움은 구경이 최고지. 그로부터 얼마 지나지 않아 회사 식당의 식단에 무알코올 맥주가 나왔다. 다들 알코올이 없는 줄 알면서도 살짝 들뜬 표정으로 무알코올 맥주를 하나씩 집어 들고 후식으로 마셨다. 쳇바퀴 같은 회사 생활에 반가운 이벤트를 만난 듯 무알코올 맥주를 마시면서 다들 기분 좋게 떠들어댔다. 즐거워하는 동료들의 모습에 속으로 '이 정도 여유는 괜찮지 않을까' 싶어 뒤늦게 친구들 단톡방에 회사에서 무알코올 주류를 마셔도 괜찮겠다고 끼어들었더니만, 연초와 전자담배 이야기를 했던 친구가 이렇게 말했다.

"너는 점심때 비빔밥 먹었다고 근무 시간에 밥 비벼 먹을 거니?"

건강 때문에 무알코올 주류를 찾기도 한다. 알코올 함량이 낮아

일반 맥주보다 칼로리가 적어서다. '근손실'이 날까 봐 술을 끊어야 하는 사람이나 살을 빼고 싶은 다이어터들에게 무알코올 맥주는 그야말로 축복이라고 한다. 하지만 이 또한 막연한 뉴스 헤드라인에 불과할 뿐 막상 주변인이 다이어트 때문에 무알코올 주류를 마시는 건 본 적이 없었다. 그러던 차에 술꾼으로 유명한 후배가 체중 감량을 목표로 술을 끊겠다고 선언하자마자 주말에 친구 집들이를 다녀왔다고 했다. 이 후배로 말할 것 같으면 혼술로 소주를 2~3병 마시는 진짜배기 술꾼이다. 그런 후배가 집들이까지 가서 어떻게 술을 참았느냐고? 바로 무알코올 맥주였단다. 통풍에 걸릴 정도로 맥주를 좋아하는 사람에게도 무알코올 주류는 좋은 대안이다. 일부 무알코올 주류에는 통풍을 유발하는 '퓨린'도 제로라서 마셔도 된다. 물론 어떤 무알코올 맥주는 퓨린이 일반 맥주만큼 들어 있으니 잘 찾아보고 마시는 게 좋다.

이쯤 되면 무알코올 맥주를 어떻게 만드는지 궁금하다. 술과 알코올은 떼려야 뗄 수 없는 존재가 아닌가. 간단히 말해 무알코올 맥주는 발효법과 비발효법 등으로 만들 수 있다. 먼저 비발효법은 탄산음료 만드는 것과 비슷하다. 맥아 엑기스에 홉과 향을 최대한 맥주 맛과 비슷하게 마실 수 있도록 섞는다. 발효법으로 만든 무알코올 맥주는 맥주와 똑같은 공정을 거치고 마지막 단계에서 알코올만 분리하는 방식으로 제조한다. '하이네켄 0.0'과 '칭따오 논 알콜릭'을 이런 방식으로 만든다고 한다. 당연히 발효법으로 만든 무알코올 맥주가 비발효법 맥주보다 더 술에 가까운 맛이다. 대신 발효법으로 만들면 알코올을 완전히 제거하기가 쉽지 않다고 한다. 그래서 발효법으로 만든 술은 논알코올이 많다. 이 밖에도 무알코올 맥주를 만드는 다양한 방법이 있는데, 제조사마다 조금씩 차이 나는 수준이란다.

"나는 알코올도 괜찮은데."

쇼핑센터의 주류 코너에서 무알코올 맥주를 사갔더니 기다리고 있던 친구가 투덜거렸다. 술꾼이라서다. 술꾼도 알쓰도 무알코올 맥주 앞에선 동등하다. 분식을 시켜놓고 떡볶이와 함께 맥주를 쭉 들이켜니 살 것 같았다. 아무리 마셔도 취하지 않으니 더 기분 좋았다.

무알코올 시장은 지금보다 커질 전망이다. 코로나19 이후로 건강에 대한 관심이 전보다 늘었고, 회식자리도 예전처럼 부어라 마셔라 하는 분위기가 아니니 선택지가 다양해졌다. 지금은 일반 맥주보다는 맛이 덜하지만, 아주 조금만 기다리면 더 맛있는 무알코올 맥주가 나오지 않을까. 술기운이 아닌 줄 뻔히 알면서도 왠지 취해가는 밤이다.

4

MZ세대가 꽂히는 술의 법칙

#90년생이온다 #MZ세대 #인스타그램

#술스타그램 #먹스타그램 #피드보다_스토리

#스코틀랜드_벤리악증류소 #한국고량주 #발효공방1991

지난 2023년, 대중 앞에서 강연을 할 기회가 있었다. 내가 준비한 강연 제목은 'MZ세대가 꽂히는 전통주의 법칙'이었다. 긴장한 채로 찾은 강연장에는 예상과 다르게 '비MZ'가 많았다. 당연한 일이었다. 여자 심리를 남자가 궁금해하듯 MZ세대가 어떤 술을 좋아하는지 궁금한 사람은 그 세대가 아닐 것이다. 그걸 강연장에 가서야 깨닫고는 아차 싶었다.

'우리술 답사기' 취재를 하면서 슬금슬금 키운 인스타그램은 어느새 훌쩍 커서 '술플루언서(술+인플루언서)'라는 이름으로 나를 소개해도 머쓱하지 않을 정도로 자랐다. 마침 대학생 때는 나름 파워블로거였다. 지금 하는 일도 기자라서 남이 어떤 걸 궁금해하는지, 그걸 어떻게 쉽게 전달해야 할지 고민하는 순간들이 일에서도 취미에서도 이어졌다.

TERRA
MONIN
TREVI
SUNYANG SOJU
鮮 洋
선양
가족시
밤술낭만
- 전통주 전문기자와 즐기는 우리술 맛과 멋
8.6k
5.2k
1k

인스타그램을 시작하며

가장 크게 체감한 건 '조회수'와 '좋아요'다. 내가 만드는 콘텐츠가 사람들에게 얼마나 반응을 얻는지 즉각적인 피드백이 오기 때문이다. 처음에는 여러 방면을 찔러보듯 콘텐츠를 만들었는데, 과정에 익숙해지니 사람들이 어떤 식의 피드를 좋아하는지 대충 눈에 익기 시작했다. '우리술 답사기'도 그랬다. 처음엔 이미 다른 언론사가 다룬 유명 양조장만 찾아다니다가 익숙해진 다음부터는 앞으로 유명해질 양조장도 용기 있게 섭외했다. 취재할 거리를 찾으면 다음 단계는 데스크에 어필하는 건데, 데스크는 기자가 발굴한 소재를 처음 만나는 제1의 독자이기도 해서 꽂히는 포인트가 없으면 여지없이 '킬' 된다. 그런 과정을 100번 넘게 반복하니 이제는 어떤 술을 취재해야 하는지 보이기 시작했다. 나를 MZ세대의 표상이라고 부를 수는 없겠으나 어쨌든 '90년생이 온다'의 90년대생이자, 'MZ세대'니 내 의견을 말할 권리 정도는 있을 거라고 믿는다. 이 세대에게 꽂히는 술이 어떤 건지 정리해봤다.

1. 최초를 선점하라

'최초'는 언론사에서 참 좋아하는 단어다. 이건 주류 시장에서도 마찬가지다. 뭐든 '처음'이라고 하면 소개하기 쉽다. 최초라 해서 다 위대하다는 뜻이 아니다. 다만 '처음'은 스토리를 만들기가 좋다. 막걸리를 예로 들어보면, 쌀막걸리가 과포화 상태인 요즘엔 전혀 다른 곡물로 술을 빚는다거나, 기존의 막걸리가 '하얀색'이었다면 이제까지 본 적 없는 색으로 막걸리를 만드는 것이다. 최초를 점유한 상태에서 맛이 좋거나 양조장의 철학까지 좋으면 인기는 생각보다 오래 이어진다.

'샴페인 막걸리'로 전혀 다른 막걸리의 형태를 보여준 경북 울산 복순도가의 '복순도가 손막걸리'가 여전히 인기 있는 것처럼. 업계 최초로 '제로 소주'를 표방한 '새로'가 공고한 희석식 소주 시장을 야금야금 빼앗았듯이 말이다.

어쩌면 이는 다행한 일이다. 최초가 먹힌다는 점은 '도전정신'에 반응한다는 뜻이기 때문이다. 그만큼 쉽지도 않다. 전통주 아카데미에서 쌀 말고 다른 곡물로 술을 빚어보라고 조언해도 막상 뜯어보면 결국 쌀막걸리로 시작하는 경우가 많다고 한다. 처음엔 '나'라서 왠지 할 수 있을 것 같은 자신감이 들지만 현실에 부딪혀 안 되는 경우가 더 많다.

2. 선택을 제공하라

소비자에게 '선택'의 기회가 필요하다. 인스타그램에 게시물을 올리면서 보니 술을 한 병 올렸을 때보다 다양한 술을 여러 병 올렸을 때의 반응이 훨씬 좋았다. 강의할 때도 마찬가지다. 한 가지 주제로 이야기하는 것보다 여러 주제를 가지고 고르게 할 때 호응이 좋았다.

요즘 사람들은 어떤 취향을 한 가지로 정해놓지 않고 여러 개의 보기를 둔 다음 고르는 걸 좋아한다. 한 가지 결론을 일사천리로 내는 것보다 여러 개를 비교하고 견주는 시간을 즐긴다. 내 취향을 고집스럽게 주장하는 것보단 여러 질문을 통해서 끝까지 탐색하고, 나의 취향을 발견하길 원한다. 인스타그램에서도 '인싸'들은 '피드'보다 '스토리'를 선호한다. 피드는 내가 지우지 않는 한 박제되어 있는가 하면, 스토리는 24시간이 지나면 사라지기 때문이다. 나의 생각을 피드에 정리하는 것보다 생각의 과정을 스포츠 경기 중계하듯 스토리에 올리면서 타인의 반응을 실시간으로 듣는 게 훨씬 재밌다. MBTI도 그러한 기저에서 유행한 게 아닌가 싶다. 겉으로 봐선 16가지의 유형으로 사람을 한정한 것 같지만, 실은 MBTI를 하면서 받는 질문, 내가 몰랐던 나의 모습을 찾아가는 과정에서 흥미를 느낀다. '모두 다 함께' 같은 걸 골라서 좋은 결과를 내는 것보다 조금 부족한 결과를 낼지라도 혼자서 오롯이 내가 좋아하는 걸 하는 게 더 낫다. 그래서인지 여러 술을 한 테이블에 놓고 비교하며 마시면서 내 취향을 알아가는 과정을 행복해한다. 그때쯤 되면 결론은 어찌되든 상관없다.

남들 눈엔 이것저것 보면서 고르는 게 답답해 보일 수도 있다. 기성세대와 부딪히는 지점이 바로 여기일 것이다. 만약 MZ세대를 상대로 생각을 말할 기회가 생긴다면, 나의 철학을 주입하기보다 꼭 중간에 고르는 시간을 주길 바란다. 혹은 같은 술을 내더라도 선택할 수 있는 지점을 마련해보는 것도 필요하다. 그게 그들의 취향과 맞닿으면 더욱 좋다. 라벨 색을 다르게 한다거나, 시즌별로 맛에 변주를 준다거나 하는 선택지를 마련하자.

3. 보기에 좋은 것을 골라라

누구나 알 듯 인스타그램은 보이는 게 중요한 SNS다. 시대에 따라 보정법도 유행을 탄다. 예전엔 '오줌 필터'라고 샛노란 필터를 쓰는 보정법이 인기였다. 한때는 일부러 흑백 보정을 하고 한 색깔만 살려 놓는 보정법이 흥했다. 또 불과 몇 년 전에는 무조건 사진에 '핑크 톤'이 담겨야 인싸 감성이라고 했다. 사진에 분홍색이 살짝 감돌면 감성 있게 보였기 때문이다. 벚꽃이 흐드러진 사진이나 놀이공원 사진을 분홍색 감성으로 보정하면 그곳이 도심이라고 할지라도 로맨스 소설에 나올 것 같은 장소로 바뀌곤 했다.

요즘은 '고화질'로 '선명하게' 보정하는 것이 유행이다. 음식 사진을 올리는 '먹스타그램'을 보면 확실히 체감할 수 있다. 면발이나 양념을 하나하나 셀 수 있을 만큼 지나칠 정도로 선명하게 보정 하는 기법이 먹힌다. 선명한 색감을 위해 채도도 올린다. 여러 게시물을 한눈에 보는 인스타그램 특성상 눈에 띄기 위한 방법이다.

새로 나온 술도 비주얼로 선택한다. 라벨을 정해야 한다면 인스타그램에 여러 장의 술 사진을 올렸을 때 눈에 튀는 걸 택하는 게 좋다. 라벨의 형태가 꼭 네모가 아니라 곡선을 가지고 있거나, 색이 원색이면 눈에 들어온다. 이미지란 게 몇 번 눈에 익으면 머릿속에 각인된다. 여러 개의 술이 모여 있을 때 눈에 띌 정도면 더 좋다.

4. 단순함은 가장 직관적인 정보다

맛이나 이미지를 최대한 단순하게 가져가는 것이 좋다. MZ세대를 대상으로 시음회를 열면 꼭 이런 평이 나온다. "이 술은 애매해서 잘 모르겠다"는 평이다.

'맛있다'라는 느낌은 주관이 작용할 수밖에 없다. 내 술이 시장에서 다른 술과 경쟁해야 한다면, 되도록 특별한 느낌과 맛을 주는 게 좋다. 매콤한 술은 확실히 매콤하게, 시다면 확실히 시게. 시장에는 이미 밸런스가 좋은 술이 너무나 많기 때문이다.

전통주 담그는 법을 배울 때도 "남들이 내 술을 맛있다고 할 때 경계해라"라는 말을 들었다. 좋은 술을 담그는 사람이 이미 너무 많은 탓이다. 상업적인 술을 판매할 거라면 자기가 가진 술맛을 명확하게 표현하는 것도 좋겠다. 그 맛의 마니아들이 결국 그 술을 꾸준히 찾는 사람이 된다. 나 또한 확실하게 맛있는 몇 가지 술을 제외하곤 낭인처럼 술을 고르는 편인데, 이때는 아무래도 사람들의 반응이 뚜렷한 술에 먼저 손이 간다. 극단으로 가면 호불호가 갈릴 수 있겠지만 시도할 만하다. 술의 스토리 역시 너무 복잡하거나 생각해야 알 수 있는 것보단 단순한 이미지가 훨씬 낫다. 복잡할수록 단순하게, 안 풀릴수록 심플하게 접근하기를 권한다.

5. 경험을 제공하라

예전엔 일방향으로 정보를 전달했다면, 요새는 다각도로 정보가 유영하는 것을 볼 수 있다. 요새 신제품의 필수 관문처럼 여기는 '팝업 스토어'는 경험의 총 집합체다. 팝업 스토어에서는 술을 마셔보기도 하고, 그림으로 그리기도 하고, 몸으로 표현하기도 한다. 지난해 상반기에 호응이 좋았던 팝업 스토어 5위 안에는 주류 업체가 무려 2곳이나 있었다. 술맛이 대단히 특별했기 때문일까. 아니다. 그 안을 채우고 있는 아이디어와 소비자들이 받아들이는 경험의 강도가 강했기 때문이다.

지난해 스코틀랜드로 취재 갔을 때 하루에 증류소를 많게는 4곳씩 돈 날도 있다. 워낙 많은 증류소를 돌다 보니 결국엔 이 위스키가 저 위스키 같고, 저 위스키가 그 위스키처럼 비슷하게 느껴졌다. 그러다 벤리악 증류소를 만났다. 벤리악 증류소는 독특하게도 그곳 위스키를 칵테일로 만드는 수업이 투어 프로그램에 끼어 있었다. 칵테일은 간단했다. 탄산수에 고추, 레몬, 생강을 곁들인 전혀 특별할 것 없는 레시피였다. 하지만 수십 곳의 증류소 가운데 아직도 머릿속에 남아 있는 건 벤리악 증류소의 체험이다. 위스키만 배운 게 아니라 위스키를 즐기는 방법까지 경험했기 때문이다.

요즘 주류 업체에서도 술만 내놓는 게 아니라 하이볼 만드는 법이나 새로운 칵테일 제조법을 곁들인다. 한국고량주는 전통주 시음 행사에 칵테일까지 만들어 나간다. 가령 경북 영양에서 술을 만드는 발효공방1991은 자신들의 술에 어울릴 식당을 선정해 페어링 컬래버레이션도 시도했다. 이를 경험한 사람들이 충성 소비자가 될 확률이 당연히 높다.

6. 꾸준함이 최고의 브랜딩이다

한 가지 콘셉트를 정했다면 일단은 꾸준히 밀고 나가야 한다. 심지어 여러 술을 실험적으로 내놓는 양조장이라면 그 실험적인 이미지조차 끈기 있게 가지고 가야 한다. 이미지가 두껍게 쌓일 때까지 기다려야 변주도 줄 수 있다. 그래도 이 양조장은 부재료를 잘 쓰지, 이 양조장은 매월 신상품이 나오지 등 일관적인 정보가 공유되려면 꾸준함이 뒷받침돼야 한다. 이따금 풀리지 않는다는 이유로 지나치게 라벨을 바꾸거나 새로운 이미지를 주입하듯 강요하는 곳이 있는데 그러면 다가가기가 어렵다. 소비자가 익숙해질 때까지 기다려주는, 마치 아이가 적응할 때까지 기다려주는 오은영 선생님 같은 노력이 필요하다.

개인적으로 매월 혹은 분기로 신상품을 내는 주류 업체들을 좋아한다. 특히 라벨이 아이돌 코디처럼 '시밀러 룩'이면 소장 가치도 높아진다. '문학과지성사'의 시집은 출판사 이름을 써놓지 않아도 누구나 그곳의 시집인 것을 안다. 꾸준히 시집의 레이아웃을 지켜왔기 때문이다. 새로운 도전을 주저할 필요는 없지만 롱런을 위해선 필요한 작업이라고 생각한다.

7. 인간미로 소통하라

한 유명한 가전 업체에선 사람들이 로봇청소기에 이름을 붙인다는 사실을 발견했다. 분명 자아가 없는 로봇인 걸 모두 아는 데도 인격을 부여한다는 것이다. 갑자기 술에 인격을 부여하라는 소리가 아니다. 고정 팬층이 애정을 쏟을 만한 인간미에 관한 얘기다.

술 홍보 사이트에 냅다 술 홍보만 직설적으로 하는 것보단 인간미가 넘치는 이야기를 함께 풀어내는 게 먹힌다. 이것 때문에 일부러 술에 관련된 캐릭터를 창조하는 업체들도 있다. 아이돌 그룹 샤이니의 멤버 키는 인스타그램에 개인적인 사진을 일부러 많이 올린다고 한다. 팬들이 보고 싶어 하는 건 정규 앨범 소식이 아니라, 자신이 앨범 밖에서 무엇을 하는지 궁금해하기 때문이란다. SNS 사용자들이 궁극적으로 바라는 건 '소통'이다. '소통'이라는 단어가 길가의 돌이나 피어 있는 잡초 같은 식상한 언어가 되었을지라도, 결국 소통 없이는 어떤 것도 팔 수 없는 시대가 일상이 됐다.

교과서 같은 답안은 아니다. 문항의 답안지처럼 적어낸 것도 아니다. 어디까지나 양조장을 취재하며 돌아다닌 기자가 아이템을 발굴하고, 데스크의 선택을 받아, 지면과 인스타그램에 이를 올릴 때까지 일련의 과정에서 고민하다 세운 기준이다.

5

술꾼 도시 여자들

#드라마_술꾼도시여자들

#영화_와카코와 술 #영화_소공녀

#몰트위스키_이어북 #스카치위스키_글렌피딕

어릴 적 기억을 떠올려보면 대중매체에서 여자가 오롯이 '술'을 즐기는 모습을 본 적이 있었나 싶다. 소주 광고 모델은 언제나 여성 연예인이 도맡는데도 그랬다. 여자와 함께 등장하는 술은 주로 이별의 슬픔에 빠져 허우적대는 주인공의 청승을 대변하거나 남자 주인공과 한 단계 나아간 로맨스를 위한 도구로 쓰이기 일쑤였다. '썸'을 타던 직장 동료와 간밤의 기억이 삭제된 채 한 침대에 누워 있는 상황이나, 추태를 부리는 중년 여성 등 맨정신으로는 나올 수 없는 극적인 상황을 위한 도구로 쓰였던 것도 같다. 내 기억 속 '술'과 '여자'의 조합을 늘어놓자니 클리셰도 이런 클리셰가 없다.

진정한 '술꾼'의 탄생

그러던 2021년, 〈술꾼도시여자들〉이라는 드라마가 등장했다. tvN에서 방영된 이 드라마의 주인공은 세 명의 서른다섯 살 동갑내기 여성. 사회의 쓴맛 단맛을 충분히 본 직장인이자 서로 둘도 없는, 아니 둘이나 있는 술친구다. 이들은 대학생 때부터 찾던 단골 주점이 있을 정도로 술을 자주 마시고, 마실 때도 거침없다. 이 드라마가 흥행한 이유는 보는 사람조차 술에 취한 것 같은 기분이 들게 하는 그들의 주량만이 아니라, 거침없는 말발 때문이었다. 단골 주점인 오복집에서 사장님이 남자 조심하라고 하자, 한지연(한선화 분)은 상큼한 말투로 "이미 잤어요!"라고 대답한다. 늘 직장 스트레스에 시달리는 방송작가 안소희(이선빈 분)는 사회에서 만난 '개저씨'에게 술김에 후련하게 할 말, 못 할 말을 내뱉고는 후회한다. 늘 욕을 달고 사는 강지구(정은지 분)는 친구들의 답답한 고민도 술 한잔에 날려버린다. 그러면서 술에 취해 개집에서 잠이 든다. 이들의 행동은 술 마시면 저렇게 진상이 되는구나 싶으면서도 옆에서 보기 유쾌하다. 누군가에게 끌려가서 혹은 누굴 위해서 마시는 술자리가 아닌, 스스로 삶을 겪어내며 마시는 술이기 때문이다. 덕분에 우리가 느끼는 극 중 가장 맛있는 안주는 그들이 겪는 진솔한 삶 그 자체다. 새로운 직장, 가족과의 갈등, 성추행, 직장에서의 갑질, 남자 문제 등 이 시대 여성들이 겪을 만한 문제를 술자리로 해소함으로써 시청자와 강한 공감대를 만들었다. 그게 우리들이 퇴근하고 술을 마시는 평범한 술자리의 모습이기도 해서다.

많은 에피소드 가운데 내가 가장 좋아하는 이야기는 시즌1의 9화다. 극 중 소희는 갑작스레 아버지의 부고를 받는다. 어제 아침만 해도 고등어를 보내주겠다던 아버지가 갑자기 돌아가신 것이다. 택시를 타고 정신없이 고향 장흥으로 가는 길, 소희는 넋이 나간다. 슬픔도 잠시, 소희는 상주로서 결정할 게 많다. 이때마저 술친구들의 우정은 눈물겹다. 정신없는 소희를 대신해 먼저 상을 겪어본 지연은 상주 역할을 해내고, 지구는 슬픔에 잠긴 친구의 폭음을 말리며 술주정을 받아준다.

장례식의 끝은 세 친구와 상주가 함께 마시는 술이다. 그 술은 남은 슬픔을 씻어 내리기에 충분했다. 그저 꺼이꺼이 울어만 대는 장례식이 아니라 가까운 사람이 떠나간 것에 대한 당황, 허무, 슬픔, 아쉬움의 감정이 교차했다. 아무리 깊은 슬픔도 내 주변 사람들과 마시는 술 한 잔이면 다시 이겨낼 수 있다는 응원의 메시지가 담긴 에피소드였다. 이 밖에도 요즘 2030대면 겪을 법한 술자리 일화가 다채롭게 그려진다. 말 그대로 너무 '드라마' 같은 장면도 있었지만, 때론 부끄럽고 때론 낭만이 있는 술자리를 실감나게 보여주어 재미있었다.

여자가 술을 어제오늘 먹은 것도 아닌데

2015년 일본에는 〈와카코와 술〉이란 드라마가 등장했다. 술을 지독하게 사랑하는 와카코의 밥상에서는 어떤 음식을 먹어도 술이 빠지지 않는다. 축하할 일이 생기거나 슬픈 일이 있을 때도 물론 술이다. 이 드라마에서 특히 눈여겨볼 대목은 '여성의 혼술'이다. 당시 일본에서도 이 주제가 화제를 모았는데, 일본 사람들조차 그때까지 여자가 혼자 술 마시는 걸 불쌍하게, 또는 사회생활에 적응 못 한 사람처럼 보는 경향이 있어서였다. 〈와카코와 술〉은 이러한 편견에 정면으로 부딪혔다는 평가를 받는다.

주인공 와카코는 수수한 술집을 사랑한다. 그의 취향은 우리나라로 따지면 반찬을 안주 삼아 소주 한잔을 마시는 식이다. 어떤 가게에서 마실지를 정하는 건 즉흥적이다. 그날 기분에 따라 마음이 동하면 어느 술집이건 들어간다. 때론 옆자리를 힐끔거리며 인기 있는 안주를 섭렵하기도 한다. 직장에서 피곤하고 짜증나는 일이 생겨도, 퇴근 후 술집 찾아다니는 맛에 즐겁다.

와카코가 중요하게 생각하는 건 술과 안주의 페어링이다. 꽁치조림을 하나 시켜도 살을 발라 먹는 과정까지 즐긴다. 말끔하게 발라낸 생선살에 곁들일 달큰하고 쌉싸름한 소주가 기다려서다. 화로에 자글자글 익힌 굴구이를 마주할 때는 통통한 살에 기뻐하면서, 차가운 청주에 곁들여 먹을 생각에 심장이 콩닥거린다. '혼자서, 술을, 맛있는 안주와 함께'라는 완벽한 삼각형이 완성됐을 때 와카코는 입에서 비로소 "푸슈슈"라는 감탄사를 내뱉는다. 술 한 모금에 행복해지는 그의 모습을 보고 있으면 대신 미소가 지어질 정도다. 와카코는 주로 혼술을 해서 주문할 때와 "푸슈슈"라는 감탄사 빼고는 모든 대사가 마음속 이야기다. 누구나 한 번쯤 해봤을 마음속 소리를 들을 수 있어 더 친근하다.

한국어로 된 드라마 소개를 읽어보면, 고작 한 줄인데도 드라마의 주제를 명확하게 담고 있다. "여자 주인공이 혼자 술과 맛있는 안주를 즐길 수 있는 곳을 찾아다니며 인생을 즐기는 이야기". 그렇다. 이 드라마의 핵심은 술과 안주가 아니라, '인생을 즐기는 것'이다. 다만 즐거운 인생에 술과 맛있는 안주가 함께했을 뿐이다. 한창 일상을 바쁘게 보내다 〈와카코와 술〉을 틀어두고 혼술을 하고 있으면 내가 왜 이렇게 어렵게 생각했고 복잡하게 살고 있지 싶다. 술과 안주로 다사다난한 사건을 단순하게 만드는 와카코가 부러울 따름이다.

GLEN LYON
GLEN ROSSIE
GLEN ROSSIE

타인보다 따스한 한잔의 위스키

2018년 개봉한 한국 영화 〈소공녀〉도 빼놓을 수 없다. 주인공 미소(이솜 분)의 행복은 단순하다. 한 잔의 위스키, 담배, 그리고 남자친구다. 가사도우미로 파트타임 일을 하면서 생계를 이어가는 미소는 집세를 올려달라는 집주인의 말을 듣고 방구석에 앉아 차분하게 가계부를 써본다. 식비, 공과금, 약값, 집, 위스키, 담배…. 위스키와 담배를 사랑하지만 '집주인님'에게 월세도 꼬박꼬박 내야 하고 약도 챙겨 먹어야 하는 미소에게 위스키 한 잔은 꿀물과 다름없다.

새해가 되고 담뱃값과 집세가 오르자 그럭저럭 잘 살아가던 미소에게도 위기가 찾아온다. 더 이상 자신이 버는 돈으로는 자기가 좋아하는 것과 해야 할 것 모두를 지켜내기 어려워진 것이다. 그때 미소가 포기한 것은? 술? 담배? 아니다. 미소는 캐리어에 짐을 싸서 집을 나와버린다. 어떤 사람은 술을 끊지 집을 포기하느냐고 미소에게 손가락질한다. 하지만 집이 없어도 단골 위스키 바에서 잔술을 즐기는 미소의 얼굴엔 행복한 미소가 번진다. 미소에게 잔술은 그가 포기할 수 없는 마지막 자존심 내지는 삶의 희망이다.

미소는 캐리어와 짐덩이를 몸에 달랑달랑 매달고 과거에 밴드를 함께했던 친구들의 집을 전전하는 여행을 시작한다. 어떤 친구의 집에서는 뜻하지 않은 호의를 얻고, 어떤 친구에게는 처절할 만큼 무시도 당한다. 그 와중에 번듯했던 친구들이 사실은 말 못 할 사정이 있던 것도 알게 된다. 그중 유명한 장면은 이것. 그나마 살림살이가 나은 정미(김재화 분)가 미소에게 하는 말.

정미: 너 아직도 위스키 마셔? 담배는 아직 피우더라? 나였으면 독하게

끊었겠다.

미소: 알잖아. 나 술, 담배 사랑하는 거.

정미: 아이고. 그 사랑 참 염치없다, 야.

미소의 결정은 남들이 보기엔 조금 이상하다. 한국인은 대부분 자신의 살 집을 갖기 위해서 평생을 바친다. 하지만 미소는 집을 포기하고 담배와 위스키를 선택한다. 타인에게 담배와 위스키는 인생에서 없어도 되는 사치품, 취향으로 분류된다. 하지만 미소에게 위스키는 단순한 취향이 아니다. 안식처다. 집이다.

미소가 선택한, 포기할 수 없는 위스키가 바로 '글렌피딕'이다. 글렌피딕은 스카치위스키의 하나로, 스코틀랜드 스페이사이드에 있는 증류소의 이름이다. 사슴 모양의 로고과 삼각형 모양의 병으로 유명한 마니아층이 두터운 위스키 가운데 하나다. 그 많은 위스키 중에서 왜 하필 글렌피딕일까. 《2023 몰트위스키 이어북(Malt Whisky Yearbook 2023)》을 찾아보니 '글렌피딕12'에 대한 시음평이 눈길을 끈다.

"섬세하고, 꽃향기가 나며, 가벼운 과일 향이 스친다. 이 위스키는 입 안에서 참 고상하고, 우아하며, 부드럽게 느껴진다. 과일 향이 입 안을 지배하며 그 위로 천천히 견과류 향이 쌓인다. 그리고 훈연 향이 감싸온다. 마무리는 향긋하다."

영화 속 집에서 미소가 남자친구와 잠자리를 하기 위해 옷을 벗었다가 집이 너무 추워 봄으로 관계를 미루는 장면이 있다. 집이야말로 미소에겐 얼음장같이 차가운 장소다. 사랑하는 사람과 내 마음대로 편하게 시간을 보낼 수도 없다. 대신 위스키 바는 미소에게 아늑하고, 따뜻하며, 온화하다. 자랑하기엔 부족한 직업을 가졌고 집을 포기해야 위스키와 담배를 얻어낼 수 있지만, 이는 모두 미소 자신의 선택이자 본인의 힘으로 얻어낸 본인의 삶이다. 영화 속 인물들은 미소를 끊임없이 재단하지만 미소는 단 한 번도 타인의 삶을 비난하거나 평가하지 않는다. 자신이 중요하다고 생각하는 것 때문에 남을 해치기도 하고 목숨도 바치고 건강도 잃는 세상에서 그 누가 미소한테 돌을 던질 수 있을까.

영화의 마지막 장면. 미소는 돈을 벌러 해외로 가겠다는 남자친구와의 현실에 부딪혀 원치 않는 이별을 하고 결국 위스키 바를 찾는다. 위스키 가격은 2000원이나 올랐지만 그래도 미소는 "주세요"라고 외친다. 황금빛 글렌피딕 한 잔. 그리고 눈이 오는 창밖. 잔잔하게 흐르는 음악은 사회에서 이리 치이고 저리 치인 미소를 감싸 안는다. 영화를 보고 있자면 위스키 한 모금이 참 간절하다.

〈술꾼도시여자들〉로 다시 돌아가자. 처음 이 제목을 들었을 때 나는 현진건의 단편소설 〈운수 좋은 날〉의 제목을 처음 들었던 그때처럼 입에 착 감긴다고 생각했다. 우리 도시엔 참 많은 여자, 술꾼들, 그리고 술꾼 도시 여자들이 있다. 앞으로 많은 미디어에서 이러한 술꾼들을, 그리고 여자들을, 뻔하지 않은 술꾼 도시 여자들을 차곡차곡 그려내길 바랄 뿐이다. 어디서나 진솔한 이야기는 먹히니까. 이건 술꾼 도시 여자로서 하는 말이다.

cass
FRESH
환경을 생각하는 카스의 재활용 컵입니다.

야구,
직관의 맛

#잠실맥주장 #야구밥상 #맥주보이 #야구장소맥

#수원_KTwiz파크_진미통닭 #인천_SSG랜더스필드_바비큐석

#광주_챔피언스필드_비스트로펍 #대구_삼성라이온즈파크_땅땅치킨

사람에겐 누구나 열정이 피어오를 때가 있다. 진지한 사람인 줄 알았더니 사실은 매년 록페스티벌을 챙겨 가는 록마니아라거나 직장에선 얌전히 있다가 퇴근 후 뮤지컬 연습을 한다거나. 나에게 그러한 순간은 야구를 응원할 때다. 야구라는 두 글자면 어딘가 가슴 한구석에서 불꽃이 일렁인다. 만약 인생의 원수를 만나도 알고 보니 같은 팀이면 잠시 분노가 사그라지고 손을 맞잡고 야구 이야기를 하게 될지도 모른다.

야구는 어렸을 때부터 좋아했다. 부모님 손잡고 야구장 가던 시절을 제외하더라도 야구를 열렬하게 좋아하게 된 건 10년도 넘었다. 곱씹어보면 인생의 손꼽는 기쁨 중에는 응원팀의 승리가 한결같이 있다.

세상에서 가장 맛있는 맥주

야구의 장점은 시즌에는 7일 중 6일 동안 경기를 한다는 거다. 잘만 하면 매일매일 기쁠 일이 생긴다. 단점도 7일 중 6일 동안 경기를 한다는 점이다. 우리 팀이 부진할 때는 그야말로 초상집이 따로 없다. 그럼에도 9회 경기 내내 희망의 끈을 놓지 못한다. 홈런만 한번 치면 금세 역전 상황을 만들어서 끝까지 응원할 수밖에 없다. 9회 말, 지고 있는 상황에서 타자의 시원한 홈런 한 방. 캐스터의 "이 타구는 멀리 뻗어갑니다. 담장~ 담장, 담장!"이라는 외침에 얼마나 울고 웃었던가. 무엇보다 오랜 시간 끝까지 포기하지 않고 응원할 수 있어 좋다. 또 잘하는 선수든 못하는 선수든 일단 타석에서는 공평하게 돌아가면서 기회를 가져가는 것도.

야구장에서 음주 문화는 야구만큼이나 중요한 요소다. 야구장은 마치 맥주 축제 같다. 야구장 입구가 보이는 저 멀리서부터 맥주 가판대와 포장마차들이 늘어서 있고, 근처 편의점은 생맥주와 얼음으로 냉장고를 가득 채워놓는다. 경기가 한창 진행되는 무더운 여름날, 맥주는 야구팬들에게 응원봉, 유니폼 못지않은 필수품이다. 오죽하면 서울 잠실구장 별명이 '잠실맥주장'이다. 거기에 길든 탓인지 야구장에 가면 파블로프의 개처럼 맥주가 당긴다. 야구장에서 마시는 맥주는 잘 취하지도 않는다. 맥주에 넣은 얼음 탓인지 그냥 물 같다. 팀이 이겨도, 져도 맥주는 당긴다. 이기면 시원한 맥주를 축하주로 마시고 싶고, 지고 있으면 입이 바짝바짝 말라 목구멍을 축일 게 필요하다. 맥주 한 모금이면 무더위와 패배감도 버틸 만하다.

직관을 몇 번 가니 요령도 붙었다. 나는 주로 친동생과 야구장에 가는데, 도착하면 일단 역할 분담을 한다. 야구장에서 제일 긴 줄이 생

아이디어 상품 야구 밥상 ©크리피

맥주 줄이다. 동생이 생맥주 줄에 서면 나는 안주를 사온다. 주당인 동생과 달리 나는 주량도 약하고, 꼭 생맥주일 필요도 없어서 최근에 보냉 백을 새로 샀다. 보냉 백에 얼음 컵을 가득 담고, 편의점에서 미리 맥주를 사서 채워 넣는다. 이렇게 하면 야구장에 가선 안주만 사면 된다. 일부 구장은 앉은 좌석에 안주 배달도 해준다. 얼마 전에는 '야구 밥상'도 샀다. 야구장 좌석은 테이블석이 아니고선 유럽 가는 비행기의 이코노미 좌석처럼 몸을 구겨 넣듯 앉아야 한다. 이때 가랑이 사이에 지지대를 넣어 좁은 좌석에도 상을 펼칠 수 있는 아이디어 상품이 바로 야구 밥상(혹은 야구 책상)이다. 무슨 야구 하나에 이런 난리인가 싶겠지만, 동생도 여기에 안주를 늘어놓는 모습을 보고 감탄했다.

그래도 생맥주가 마시고 싶어지면 '맥주보이'를 부른다. 자리에 앉으면 맥주보이들이 커다란 맥주통을 짊어지고 아이스께끼 장수처럼 "시원한 생맥주 있어요!"를 외치며 다닌다. 어느 좌석에 앉아 있든 손을 들고 "여기요!" 외치면 쏜살같이 달려와 시원한 맥주를 건네준다. 예전에는 컵에 따라서 팔았는데 요샌 병째로만 파는 것 같다. 야구장은 응원단이나, 맥주보이나, 팬들이나, 누구 하나 우리 지치지 말자고 약속이라도 한 것처럼 생기가 넘친다. 선수들이 이 열기를 받아 좋은 경기를 펼쳐줬으면 하는 게 팬의 마음이다.

야구장이 누구나 즐기는 '맥주 축제' 분위기가 된 건 사실 몇 년 되지 않았다. 옛날 야구장에서 음주는 '비매너의 상징'이었다. 1980~1990년대 야구장은 그야말로 뜨거웠다. 1980년대에는 3S 정책의 온상이자 지역감정을 부추기는 소재로 활용되기도 했지만, 요샌 젊은 팬이 많이 유입돼 지역감정 자체가 희석되는 분위기다.

지금도 소주병은 야구장에 들여갈 수 없다. 2000년대 초반까지도 과열된 관중들이 소주병을 던지는 사고가 있어서다. 1986년 대구에서 열린 한국시리즈 3차전에서 삼성 라이온스 팬들이 해태 타이거즈 선수단 버스에 불을 질렀다. 1차전 경기 때 삼성 투수인 진동한 선수가 취한 관중에게 소주병으로 머릴 맞고 교체된 것에 대한 보복이었다. 1988년 부산 사직구장에서는 롯데 자이언츠와 해태 타이거즈 경기에서 5회 말 공격 때 롯데가 무기력하게 물러나자 갑자기 관중석에서 빈 병을 투척했다. 6회 말 롯데 자이언츠 김민호 선수의 타구를 중견수인 이순철 선수가 담장 앞에서 잡아내자 또다시 빈 병이 날아와 경기가 중단된 적도 있다. 1995년 플레이오프 4차전 때도 사직구장에서 취한 관중이 던진 소주병에 LG 트윈스 팬이 머리를 맞고 다치자, 5차전에 LG 트윈스 팬들이 롯데 자이언츠 응원석을 점거하고 몸싸움을 한 사건도 있다.

지금이라면 상상도 할 수 없지만 소주병 투척은 2000년대까지도 이어졌다. 2006년 대전구장에선 한화 이글스가 승리를 확정 지었을 때 관중석에서 날아온 소주병이 심판 머리를 맞혔다. 이런 사건이 비일비재하게 일어나니 한때 학생들이 야구장에 놀러 간다고 하면 부모님들이 말렸다. "야구장 가면 병 맞는다"라는 이유에서였다.

하도 술 때문에 사건·사고가 많으니 2000년대 초반 구단들은 야구장에 주류 반입을 금지했다. 하지만 그런다고 야구도 술도 포기할 사람들이 아니었다. 팬들의 성화에 금세 주류 반입 금지를 풀고, 대신 캔 맥주를 종이컵에 부어 판매하기 시작했다. 그때 유행한 게 '야구장 소맥'이다. 바지춤에 숨겨 간 팩소주를 종이컵에 따른 맥주에 섞어 마셨다. 맥주 한 모금을 마시고 팩소주 200㎖를 부으면 딱 종이컵이 찰랑찰랑할 정도로 양도 맞았다. 한때 보건복지부에서 나서서 야구장에서 음주 행위 금지를 발표했다가 야구팬들이 거세게 항의해 해명한 일도 있다.

그래서 야구장에서는 저도수의 알코올만 허용된다. 맥주는 1L 이하, 캔 맥주는 1인당 두 캔, 무알코올 음료도 1L 이하 페트병만 가능하다. 최근 캔 맥주 반입은 무려 8년 만에 허용된 것이다. 일회용품 절감이 이유였다. 소주 반입이 안 되니 모 구장 앞에선 '택갈이'도 이뤄진다. 야구장 앞에 있는 포장마차에서 소주를 사면 생수병에 넣어 바꿔준다. 소주가 투명하니 생수병에 넣어도 감쪽같다. 고등학생 때 프링글스 통에 소주병을 넣어 감춰갔던 것처럼 유치하고 치밀하다. 요즘은 다행히 누가 소주병 맞았다는 이야기는 들리지 않는다. 소주병 반입이 허용된다고 해도 예전처럼 열받아서 소주병을 던지는 일은 없을 거라 믿는다. 오래전부터 야구를 응원하던 팬 중에선 이러한 야구 문화 때문에 본인이 절대 술을 입에 대지도 않는 팬들도 있다.

그렇다고 음주 문화가 꼭 나쁜 것만도 아니다. 얼마 전 야구장에 혼자 갔더니 주변에 있던 아저씨 팬들이 야구장을 혼자서 왔느냐고 말을 걸면서 자신들이 가져온 시원한 맥주 페트병을 열어 컵에 따라준 적이 있다. 쭈뼛쭈뼛 맥주를 받았는데 결국 팀이 이겨 함께 펄쩍 뛰며 기뻐했다. 그때만큼은 나이 불문하고 한마음 한뜻으로 팀을 응원한다.

야구만큼 안주에도 진심인 사람들

야구장에서 음주만큼이나 중요한 건 안주다. 안주가 맛있으면 팀의 병살도 한 번쯤은 용서가 된다. 아 물론, 두 번은 안 된다. 그때부턴 입맛이 슬슬 떨어지기 시작한다. 경기 수원 KTwiz파크 구장에서 먹은 진미통닭이 생각난다. 옛날식 시장 통닭인데 소금에 찍어 먹으면 딱 좋다. 보영만두와 쫄면을 함께 말아서 입에 넣고 맥주 한 모금 마시면 끝난다. 정신없이 진미통닭을 먹다가 뙤약볕에 봉투가 익어 잉크가 고대로 봉투를 얹어놨던 무릎에 묻어난 적도 있다. 그만큼 맛있는 안주는 무아지경으로 들어간다.

인천 SSG랜더스필드 구장의 바비큐석도 유명하다. 야구장의 상석이라 불리는 '테이블석'이 진화한 것으로, 자리마다 바비큐 판이 있어 고기를 사다 구워 먹을 수 있다. 바비큐석은 딱 한 번 가봤다. 삼겹살을 지글지글하게 구워서 볶은 김치와 한 점 하고 맥주를 곁들이면 금상첨화다. 삼겹살과 함께 소고기를 구워 먹어도 좋다. 분명 야구를 보긴 봤는데, 결과는 생각나질 않고 불판에서 노릇하게 익던 소고기만 아직도 생각난다.

광주 챔피언스필드 구장 안에는 '비스트로펍' 좌석이 따로 있다. 펍 옆에 붙어 있는 좌석인데 맥주를 계속 마시면서 경기를 볼 수 있다. 가보면 사람들이 이렇게 술 마시는 일에 진심이구나 싶다. 대구 삼성라이온즈파크는 땅땅치킨에 자몽맥주 마시는 게 정석 코스다.

야구장 티켓값, 맥줏값, 안줏값까지 더하면 야구장 직관 갈 때마다 지갑이 탈탈 털려서 온다. 다른 지역으로 원정경기 관람이라도 할라치면 만만치 않다. 그래도 한 번의 멋진 직관은 몇 년이 지나서까지 마음을 일렁이게 한다. 그 순간의 짜릿함은 무엇으로도 대체할 수 없다.

삶이 지루하고 지칠 때 야구장에서 느꼈던 불꽃같은 열정은 스스로 응원이 된다. 언젠가 내가 응원하는 팀의 시구를 하는 게 인생 버킷리스트 중 하나다.

요즘 직관 가면 거슬리는 게 딱 한 가지 있다. 안주도, 맥주도 쉽게 즐길 수 있다 보니 쓰레기가 골머리를 썩인다. 야구장에서 나갈 즈음이 되면 분리되지 않은 음식물과 일회용 쓰레기가 넘쳐난다. 관객들이 나갈 즈음에 미화원들이 쓰레기를 치우는데, 아무리 봐도 치우는 사람이 버리는 사람에 비해 너무 적다. 환경부가 과거 발표한 통계에 따르면, 전국 스포츠 시설에서 발생한 폐기물 가운데 30% 이상이 야구장에서 나왔다고 한다.

최근엔 일회용품을 줄인다며 몇몇 구장에서 비닐류인 야구장 막대풍선을 금지했지만, 이것도 잘 통하지 않는다. 일회용품도 일회용품이지만, 일단 분리수거가 잘 되지 않기 때문이다. 어떤 구장도 혼합 쓰레기를 분리하려는 노력을 하지 않는다. 퇴장 때마다 야구팬인 게 부끄러울 지경이다. 예전엔 야구장에서 소주병 던지는 행태가 없어질 거라고 기대하지 않았지만, 지금은 누구도 야구장에서 소주병을 던지지 않는다. 누구나 야구장에서만큼은 피로감 대신 기쁨과 즐거움으로 가득 찬 하루가 되어야 하지 않을까. 즐긴 만큼 책임감 있는 직관이 이뤄졌으면. 오랜 야구팬의 간절한 바람이다.

스코틀랜드 글래스고에 위치한 위스키 바 팟스틸에서는 '오늘의 위스키'를 잔술로 마실 수 있다.

7

제발 잔술로 팔아주세요

#앨빈토플러_부의미래 #탑골공원 #점빵_키핑가능
#요즘잔술_샘플러 #오미나라_고운달오크 #밀물주조_밀물탁주
#도갓집생막걸리_도갓집옷주 #달성주조_포그막

지난 2023년 4월, 비로소 잔술 판매가 합법화됐다. 원래 잔술은 칵테일과 생맥주에만 허용됐다고 한다. 그럼 그동안 마신 잔술들은 뭘까? 나도 모르게 불법적으로(?) 마시던 와인, 전통주, 위스키, 소주 잔술이 이제라도 허용된다니 다행이다.

가끔은 법이 소비자를 미처 따라가지 못한다. 미래학자 앨빈 토플러가 자신의 책 《부의 미래》에서 그랬다. "기업은 시속 100마일로 달리는데, 노조는 30마일, 정부는 25마일, 학교는 10마일, 정치 조직은 3마일, 법은 1마일로 변화한다"고. 이 책이 2006년에 나왔던가.

가난과 낭만 사이에 잔술이 있다

파는 사람이야 병으로 파는 게 훨씬 이득이다. 그렇게 보면 잔술은 파는 사람보다 마시는 사람을 배려하는 술 같다. 살다 보면 술을 딱 한 잔만 마셨으면 하는 그런 날이 있지 않던가. 그게 속사정이든, 지갑 사정이든. 잔술은 그런 술꾼들의 말 못 할 사정도 넉넉하게 감싸 안는다.

주머니에 1000원짜리 한 장뿐이라면 그마저도 술로 바꿔 마시는 사람들이 있다. 잔술은 그런 술꾼들에게 안성맞춤이다. 영화 〈소공녀〉의 주인공 '미소'가 그랬듯 잔술은 어떤 이에게 포기할 수 없는 마지막 자존심 내지는 삶의 희망이 되기도 한다.

서울 종로구 탑골공원에도 미소처럼 잔술 한 잔에 행복해지는 사람들이 있다. 취업 준비생 시절 토익 학원에 다니느라 그 근처를 자주 갔는데, 저녁 무렵 식당에 가면 의도치 않게 '잔술 실랑이'를 구경했다. "제발 막걸리를 잔술로 팔아달라"는 어르신과 잔술은 메뉴에 없으니 싫다는 식당 주인이 옥신각신하는 거였다. 결국 실랑이 끝에 이기는 건 대부분 어르신. 팔 때까지 가지 않겠다는 고집을 피우는데 어쩌겠는가. 어르신들은 가게 주인에게 남은 욕을 먹으면서도 어렵게 얻은 잔술을 홀짝거리며 아껴 마셨다. 비로소 승리의 웃음을 보이는 어르신의 모습을 보며 속으로 '헉, 진상이다' 싶다가도 몰래 따라 웃은 적이 몇 번 있다.

탑골공원은 아직도 잔술 파는 가게나 포차가 많다. 주로 은퇴한 어르신들이 많이 찾는다. 막걸리 한 잔에 1000원, 소주도 한 컵에 1000원. 안주도 그에 맞춰 제육볶음 같은 건 한 컵 단위로, 전은 한 장 단위로 저렴하게 판매한다. 물가가 올라도 잔술 물가는 별반 달라지지 않았다. 덕분에 많은 어르신이 지갑 걱정은 잠시 미뤄두고 마음 놓고 취한다. 도심에서 보기 힘든 소소한 온정이 잔술을 통해 오간다.

'점빵'도 키핑이 된다

점빵, 바로 동네 슈퍼들이다. 농촌의 동네 슈퍼는 곧 쓰러질 것처럼 허름해 보여도 가만 보고 있으면 만능 재주꾼이다. 단순히 물건만 파는 곳이 아닌 주민들이 모이는 사랑방, 일하다가 쉬었다 가는 휴게소, 돈을 빌려주는 은행, 새참을 먹는 식당, 편지를 대신 보내주고 받아주는 우체국으로 변신한다. 농촌 마을로 취재하러 가서도 잘 모르는 게 있으면 동네 슈퍼로 간다. 그럼 가게 주인이든 손님이든 성가신 기색이다가도 척척 잘 대답해준다. 그러다 보면 주민들이 삼삼오오 모여 술 마시는 광경도 보게 된다.

슈퍼에 가면 꼭 낡은 상과 의자가 한편에 있거나 그도 없으면 슈퍼 앞에 널찍한 평상이 놓여 있다. 동네 사람들 누구나 쉬다 가라고 만든 자리다. 자리가 협소해 먼저 앉은 사람과 자연스럽게 합석하기도 한다. 막 일하다 와서 흙먼지를 잔뜩 묻힌 아저씨들과 의도치 않은 겸상을 해야 할 때도 있다. "막걸리 한잔 주세요!" 하고 외치면 슈퍼 주인이 밥그릇에 아스파탐으로 단맛을 낸 막걸리를 아낌없이 담아준다. 받는 돈은 단돈 1000원. 주민은 외상도 된다. 겨우내 묵은 김치는 서비스 안주다. 잔술로 팔아도 다행히 농번기에는 금세 막걸리가 동이 나서 재고 남을 틈이 없다고 한다.

소주는 잔술로 팔기 어려우니 대신 '키핑'을 받아준다. 양주도 아닌데 무슨 키핑인가 싶겠지만, 농촌이 원래 그렇다. 오래된 진열장에 반 남은 소주병이 이미 여러 개다. 이름도 써놓질 않았는데 슈퍼 주인은 누구 소주인지 대번에 안다. 금고지기가 따로 없다고 "많이 남은 소주가 내 소주 같다"고 우겨도 소용없다. 술 좋아하는 어르신 몇 분은 집에 소주를 사가면 바가지 긁힐세라 동네 슈퍼에 보관해두고 논으로 갈 때 한 번, 집으로 돌아갈 때 한 번 들러 소주를 마시고 간다. “내 나이가 일흔이고 언제 죽을지도 모르는데 아직도 눈치 본다”고 투덜거리다가 곧 “몰래 마시는 소주가 맛있다”고 나이에 안 맞는 철없는 소리를 하신다.

잔술은 산 정상에도 있다. 지난해 새해를 맞아 팔자에도 없던 청계산을 탔다. 매봉까지는 초보자 코스라고 해서 속는 셈 치고 올랐는데 운동 부족이었는지 숨을 헉헉거렸다. 간신히 매봉에 오르자마자 마주한 건 뜨끈한 어묵과 막걸리를 파는 좌판이었다.

빈손으로 올라도 숨이 차는데 어떻게 매봉까지 이 많은 막걸리를 지고 왔나 하는 생각도 잠시, 다른 등산객을 따라 딱 한 잔만 사서 일행과 나눠 마신다. 원래 양만큼만 줄 것인지 가득 따라줄 것인지는 좌판 아저씨 마음. 사람들은 막걸리 한 모금이라도 더 받으려고 좌판 아저씨에게 인사를 한 번 더 한다. 찬바람에 얼어붙은 몸이 막걸리 한 잔에 따뜻하게 풀리면서 노곤해진다. 그제야 훤한 경치가 눈에 들어온다. 이럴 때 경치가 안주지, 싶다.

물론 산에서 음주는 자제하는 게 좋다. 간혹 산에서 음주 상태로 실족사하는 경우가 있기 때문이다. 그런데 힘든 산행 끝, 정상에서 만난 막걸리는 참기 어렵다. 마치 오랜만에 만난 친구처럼 반갑다. ‘라인업’도 대단하다. 지평막걸리나 장수막걸리는 흔한데 어떤 산에선 충북 단양 대강양조장에서 생산하는 ‘소백산생막걸리’를 파는 걸 보고 깜짝 놀랐다. 대강양조장은 역사가 깊다. 막걸리는 옛날 스타일로 목 넘김이 가볍고 달콤하다.

막걸리를 마시고 있으면 좌판 아저씨가 센베이나 콩과자 같은 옛날 과자도 안주 삼으라고 옆으로 밀어준다. 막걸리 곁가지로 유자차나 커피믹스, 컵라면도 판다. 슬쩍 물어보니 계절 따라 메뉴도 바뀐다고 한다. 겨울엔 어묵, 여름엔 아이스크림이 인기가 좋다. 센베이 과자 한

주먹에 막걸리 한 잔이 과하지도, 모자라지도 않고 딱 좋다. 다만 잔술의 낭만만큼은 치사량이다. 낭만에 취해 하산이 힘들 수도 있으니 주의하시길.

충북 단양 대강양조장의 전시실 벽면

잔술을 찾는 사람들

이제 잔술은 가난해서 마시는 술이 아니라 다양한 취향을 반영하는 방법으로 그 입지를 굳히고 있다. 다들 입맛이 다양해져 한 가게에서 한 병만 주야장천 마시기보단 여러 술을 조금씩 맛보기를 원한다. 이런 고객을 겨냥한 메뉴가 바로 '샘플러'다.

처음 샘플러를 접한 순간이 떠오른다. 몇 해 전 직장 상사의 추천을 받아 서울 종로구 서촌에 있는 한 전통주점에 갔다. 그곳에 가기 전까지만 해도 전통주점은 문 앞에 청사초롱이 있고 벽은 한지로 도배한 곳인 줄로만 알았다. 그곳은 블루리본 서베이에도 여러 번 선정된 한식과 양식을 결합한 세련된 공간이었다. 오랜만에 다시 가볼까 싶어 검색해보니 코로나19 확산 시기에 가게 문을 닫은 것 같다. 아쉬운 일이다. 아무튼 상사는 그곳을 추천해주면서 이런 '꿀팁'도 전했다.

"맞다, 그 집은 진짜 안주가 맛있는데, 대신 가기 전에 그 앞에서 붕어빵 두 마리는 먹고 들어가야 한다."

갑자기 무슨 붕어빵인가 싶어서 되물었다.

"그 앞에 엄청난 붕어빵 맛집이 있나요?"
"아니, 양이 너~무 적어. 붕어빵으로라도 배를 채우고 들어가야 돈을 덜 쓰지."

나는 이 농담이 지금도 생각하면 웃겨서, 지금도 상사의 농담을 빌려 고급 식당에 가는 친구에게 붕어빵 두 마리 먹고 들어가라고 말한다.

그 당시 사회 초년생이던 나는 큰마음 먹고 상사의 추천대로 그 전통주점에 갔다. 예상대로 안주는 비쌌고, 시키고 보니 사진에서 본 것보다 훨씬 양이 적었다. 하필이면 또 맛있었다. 안주를 더 시키긴 부담스러워 애꿎은 옆 테이블만 힐끗힐끗 훔쳐보며 안주 삼아 구경하는데, 작은 잔 여러 개를 세트로 시키는 게 아닌가. 전통주 샘플러였다. 가만 지켜보기만 하다가 이 집에서만 마실 수 있을 것 같아 따라 시켜봤다. 곧 도자기로 만든 예쁜 잔에 네 가지 술이 나왔다.

당시엔 전통주에 대한 취향이랄 것도 없었다. 그런데 술 설명을 적은 큐레이션 카드와 함께 나온 샘플러는 감동적이었다. 마치 술이 내게 질문을 하는 것 같았다. 내가 시켜서 먹는 술이 아닌, 술이 직접 "이건 어때?" "좀 더 신맛도 괜찮아?"라고 묻는 것 같았다. 생긴 건 비슷한데 술맛이 이렇게나 다르다니. 마시는 이의 취향을 존중하는 느슨함이 마음에 들었다.

최근 경북 문경 오미나라의 증류주인 '고운달'을 잔술로 파는 곳에 간 적이 있다. 고운달은 오미자 와인을 증류해 만든 일종의 한국형 브랜디다. 가격이 비싼 고급술이라 친구들과 농담을 할 때 "로또 당첨되면 내가 차 한 대 쏜다!" "그럼 난 벤츠!"라며 괜히 고급 차종을 말하는 것처럼, 우리술 좋아하는 사람들 사이에선 "오늘 술 사줄까?"라고 물으면 "오늘 한턱 쏘는 거야? 그럼 난 고운달 오크!"라는 농담을 한다. 주변에서도 여럿이 돈을 모아 '고운달'을 산 다음 나눠 마시는 장면을 몇 번 봤다. 한 병으로 사기 부담스러운 술을 잔술로 만나니 더 반가웠다. 그럴 땐 술이 당기지 않는 날도 괜히 한 잔 시킨다. 내가 시킨 '고운달 오크' 한 잔이 작은 잔 속에 영롱한 빛을 내며 등장한다. 아무리 비싸다 해도 위스키를 생각해보면 그럴 법도 한데, 습관이 들지 않아서 그런가 보다. 위스키 바처럼 멋진 전통주 바에서 도수 높은 증류주를 온

더욱 스스로 고독하게 즐겨보고 싶기도 하다.

전남 목포에 위치한 밀물주조는 이런 '염치불고한' 관광객들을 위해 아예 잔술 메뉴를 만들어 판다. 술은 양조장에서 함께 운영하는 공간에서 마실 수 있는데, 내가 갔을 땐 밀물주조가 만든 '밀물탁주'부터 전남 영암 '도갓집 웃주(도갓집생막걸리 맑은 부분만 마시는 술)', 경기 화성 화성양조장 '마스로제', 대구 달성주조 '포그막' 등 일곱 가지 정도를 잔술로 팔았다. 바로 맞은편에 관광객 사이에서 입소문 난 태동반점이라는 음식점이 있어 후광 효과를 톡톡히 보고 있다고. 맛집에서 배를 채우고, 맞은편 양조장에서 잔술까지 마시면 완벽한 여행 코스다.

병에 비하면 조금 비싼 값을 치르는 일이지만, 잔술에는 여러 장점이 있다, 이것저것 다양한 맛을 조금씩 즐길 수 있을 뿐만 아니라 나 같은 '알쓰'도 술꾼 대접을 받게 해주기 때문이다. 이따금 혼자 술집에 가고 싶은 날, 한 병은 부담스럽고 두어 잔이면 충분한 날은 잔술이 있어 용기가 난다. 이쪽저쪽 눈치를 보다가도 '딱 한 번만 염치없으면 되는데 뭐 어때!' 하고 넘긴다. 간신히 시킨 한 잔에 좋은 안주로 적당히 구색을 갖춰 마시다 보면 이제 나도 어른이구나 싶다. 동네에 그런 술집 몇 개 뚫어두면 그렇게 마음이 든든하다.

술집에선 단술이 더 잘 팔린다고 한다. 이유는 술이면 아무거나 마셔도 괜찮은 술꾼보다 아무 술은 못 마시는 '알쓰'에게 선택권이 넘어가기 때문. 하지만 잔술이 있으면 술자리에서 다른 사람들에게 내 취향을 강요하지 않아도 된다. 잔술이 있으면 술꾼 친구들 눈치를 보면서 "나 이거 시켜도 돼?"라고 물을 필요도 없다. 나도 한 사람 몫을 하는 떳떳한 술꾼이라 이거다. 그러니 제발 부탁이다.

사장님들! 제발 잔술 좀 팔아주세요!

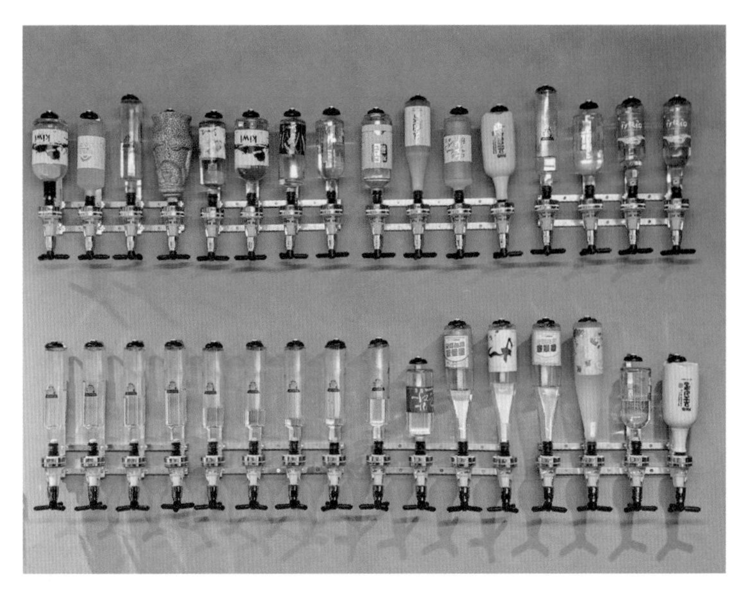

낮에는 보틀숍, 밤에는 바로 변하는 제주수울. 제주에서 생산된 술을 잔술로 만날 수 있다.

취하기 전에 알아야 할 우리술 상식 9

와인도 우리술이었어!

와인 「명사」
: 포도의 즙을 발효시켜 만든 서양 술.

국립국어원에 따르면 와인은 '포도'로 만든 '서양 술'이지만 요즘 추세로는 '과실'로 만든 '우리술'로 폭넓게 쓰이는 분위기다. 수백 년 동안 와인만 빚어온 와인 강대국과 대등하게 겨루기는 아직 좁은 시장이라고 해도 한국의 맛과 멋을 담아내려는 열정은 부족함이 없다. 포도만이 아니라 감 · 키위 · 복숭아 등 다양한 과실을 사용해 경쟁력을 높이고 있다.

우리 와인은 특히 우리 음식과 페어링하면 궁합이 좋다. 페어링 공식은 외국 와인과 크게 다르지 않다. 레드 와인은 한우 요리, 화이트 와인은 생선회와 곁들이면 좋다. 우리 와인은 과일의 당도가 낮아 외국산 와인에 비해 단맛이 약하고 담백한 편이다.

• 포도

캠벨 스위트 와인: 충북 영동 시나브로 와이너리 | 12도 | 국내 포도 생산량의 80%를 담당하는 캠벨 얼리 품종으로 만든 레드 와인이다.

고도리 샤인머스캣 와인: 경북 영천 고도리와이너리 | 10.5도 | 가격이 비싸지만 당도가 높아 인기가 많은 청포도 샤인머스캣을 활용한 화이트 와인.

붉은진주머루 스위트: 전북 무주 붉은진주 | 12도 | 무주에서 생산된 머루포도로 만든 선홍빛 와인.

• 키위

7004S: 경남 사천 오름주가 | 8도 | 참다래로 빚은 산뜻하고 담백한 와인으로 신맛과 단맛의 밸런스가 조화롭다.

• 딸기

세인트하우스 딸기와인: 충남 서산 해미읍성 | 12도 | 무농약 친환경으로 재배한 딸기를 활용한 와인으로 딸기잼이 연상되는 맛이다.

• 감

단감명작: 경남 창녕 우포의아침 맑은내일 | 7도 | 잘 익은 단감을 효모로 발효시켜 얻은 화이트 와인으로 가벼운 산미와 달콤함이 특징.

감그린: 경북 청도 청도감와인 | 12도 | 향과 산미에서 감식초의 특징이 고스란히 느껴진다.

•사과

추사애플와인: 충남 예산 예산사과와인 | 12도 | 예산에서 나는 사과로 만든 와인으로 황금빛이 나며 산미가 적당하고 밸런스가 좋다. 식용 금가루가 들어 있어 선물용으로도 좋다.

•복숭아

금이산복숭아와인: 세종 금이산농원 | 12도 | 복숭아 과즙의 달콤함이 듬뿍 담겨 있지만, 그렇다고 마냥 달지만은 않다. 밸런스가 훌륭해 디저트 와인으로 추천한다.

•체리

아띠아토: 경북 경주 노곡산방 | 12도 | 경주 체리로 만든 독특한 와인으로 체리의 색깔에 따라 골드체리 와인, 레드체리 와인, 다크체리 와인으로 구분한다. 오디, 복분자, 아로니아를 연상하면 맛을 그리기가 쉽다.

분리수거함에서 찾아낸 우리술 트렌드

#하성란_곰팡이꽃 #영화_감시자들

#재활용쓰레기 #농암종택_일엽편주

#원소주_리셀가 #두루미양조장_오래된노래

"요즘 잘나가는 술을 어디서 알 수 있는지 알아요? 바로 쓰레기통이에요."

주류 업계 관계자들이 모인 자리에서 어떤 전문가가 이런 말을 꺼냈다.

"재활용 쓰레기 버리는 날 가보세요. 거기 가서 쓰레기를 뒤지고 있으면 사람들이 무슨 술을 마시는지 알 수 있다니까!"

듣고 보니 맞는 말이다. 재활용 쓰레기를 버리는 날, 쓰레기장에 가면 빈병이 한데 모여 있다. 소주병, 맥주병, 막걸릿병 등등. 이 이야기를 듣고 나니 문득 1999년 동인문학상을 받은 하성란 작가의 단편소설 〈곰팡이꽃〉이 생각났다.

쓰레기봉투 속에 진실이 있다

〈곰팡이꽃〉은 오래된 아파트에 사는 한 남자가 남들이 버리는 쓰레기를 가져와 뒤지면서 벌어지는 이야기를 담고 있다. 그는 100개가 넘는 쓰레기봉투를 헤집어보며 이웃들의 말 못 하는 속사정, 내밀한 비밀까지 전부 알게 된다. 그는 어떤 여자의 쓰레기봉투도 뒤지는데 그곳에서 먹지 않고 버린 생크림케이크를 발견한다. 하지만 그 여자를 사랑하는 다른 남자는 생크림케이크를 주며 여자에게 구애한다. 쓰레기를 뒤지던 남자는 가까이 있는 사람보다 오히려 남인 자신이 진짜 속내를 잘 파악하고 있다는 사실을 깨닫는다.

쓰레기야말로 숨은그림찾기의 모범 답안이라고 말할 정도로 남자는 쓰레기를 뒤지는 일에 진심이다. 그는 쓰레기를 통해 삶의 모습을 낱낱이 들여다본다. 진실은 보이는 것보다 버려지고 악취 나는 것에서 더 많이 발견된다는 뜻일 것이다.

2013년에 상영한 범죄영화 〈감시자들〉에서도 신참 윤주(한효주 분)가 범죄자들의 실마리를 잡기 위해 조직원의 쓰레기봉투를 뒤지는 모습이 나온다. 결국 실마리는 쓰레기봉투에 찢겨 버려진 '스도쿠' 조각을 통해 발견된다. 악취 속에서 발견한 진실이다.

"몇 년 전만 해도 재활용 쓰레기 버리는 날 와인병 버리는 건 우리 집밖에 없었어. 그때는 와인병 버리는 게 참 어색했는데 말이지."

또 다른 주류 업계 사람이 옆에서 거들었다. 맞다. 와인이 우리 곁에 온 건 몇 년 되지 않았다. 그런데 지금은 편의점에만 가도 맛 좋은 와인을 1만 원대에 구입할 수 있을 정도로 보편적인 술이 됐다. 품질 좋은 와인이 널려 있는 세상이다.

"예전엔 혼술 한다고 하면 순 소주 아니면 카스였지, 뭐."

지금도 혼술은 소주, 맥주로만 한다던 이가 덧붙였다.

"자자, 생각해보세요. 집에서 소주만 마시는 사람? 생각보다 몇 안 돼요. 소주라는 술이 그래도 사람이 있어야 맛있지. 혼자서 홀짝홀짝한다고 생각해봐, 얼마나 처량해. 결국 혼자 남으면 내가 즐길 수 있는 술을 마시게 되거든요."
"맞는 말인 게, 또 입맛이라는 게 한번 올라가면 내려가기가 어렵거든. 코로나19 때 위스키 마시다가 혼술로 소주가 들어가겠어?"

이들의 수다를 들은 그날부터 오피스텔 재활용 쓰레기장을 유심히 보게 됐다. 내가 사는 곳은 직장인이 많이 거주하는 오피스텔이다. 이들이 좋아하는 술은 뭘까. 막연하게 와인, 위스키를 좋아하겠거니 생각하는 것보다 재활용 쓰레기장을 한번 보는 게 낫다.

한창 코로나19가 심할 때는 싱글몰트 위스키 병이 종종 나와 깜짝 놀랐다. 사람 심리가 신기한 게 이는 '집콕' 시절에는 많이 보였지만, 요새는 또 주춤해진 모양새다. 대신 '잭다니엘'이나 '아구아' '말리부' '깔루아' 같은 파티용 술들이 눈에 들어온다. 친구들을 만나는 시간이 늘었나 보다. 직장인들이 퇴근하고 하이볼을 많이 마시는지 상대적으로 저렴한 위스키병과 토닉워터 페트병 조합이 많다. 토닉워터를 박스째로 구입했는지 종이 박스도 버려져 있다.

4캔에 1만 2000원인 수입 맥주 캔은 개수가 적지 않지만 몇 년 전

수입 맥주가 한창 유행할 때보다 확실히 줄어든 것도 같다. 오히려 한 병에 7000원, 1만 원 하는 고급스러운 병맥주가 대세를 이룬다. 내가 한 번도 보지 못한 큰 유리병에 담긴 이름 모를 맥주가 한 자리씩 차지하고 있는 걸 보니. 오히려 이들 가운데 눈에 띄는 건 '논알코올' 맥주다. '칭따오'는 논란을 겪은 이후 완전히 자취를 감췄고, 반대로 한때 반일 감정으로 소비가 대폭 줄었던 일본 맥주들이 다시금 모습을 드러내고 있다. 일본 맥주와 함께 아마 일본 여행에서 사왔을 사케병이 조심스럽게 손을 흔든다.

1만 원대 편의점 와인은 오피스텔 재활용 쓰레기장의 단골손님이다. 특히 편의점의 가성비 와인으로 유명한 '디아블로'나 '옐로우 테일'은 없을 때가 드물다. 오히려 코로나19 때는 비싼 와인병이 많더니, 코로나19가 지나고 나니 값싼 와인들이 줄지어 들어온다. 홈파티라도 진하게 한 것일까. 내가 마실 때는 비싼 와인을 홀짝거리는데, 홈파티용은 그래도 가성비를 따지나 보다. 혼자서 상상의 나래를 펼치니 소설 속 주인공이 된 것만 같다.

재활용 쓰레기가 리셀가로 팔리기까지

그 와중에 아쉽게도 막걸릿병은 많지 않다. 그래도 프리미엄 막걸리를 재활용 쓰레기장에서 발견하면 오래전부터 알고 지낸 반가운 친구를 만난 기분이다. 얼마 전 재활용 쓰레기장에 '일엽편주'가 있었다. '일엽편주'는 전통주를 아는 사람들이 찾아 마시는 술이다. 속으로 '오, 우리 오피스텔에 술을 좀 아는 사람이 있군!' 하고 내심 흐뭇해했다. 그 밖에도 술담화 구독 박스 같은 게 쓰레기장에 버려져 있는 걸 보면 반갑다.

식당에서 흔히 볼 수 있는 가성비 막걸리는 직장인이 사는 오피스텔에선 찾아보기가 어렵다. 대신 다른 제품과 협업한 달달한 캔막걸리는 드문드문 보인다. 캔막걸리는 유행이 지났어도 여전히 사랑하는 마니아층이 있나 보다. 나 역시 그중 하나다. 막걸릿병보다 찾아보기 어려운 건 실은 약주, 전통소주병이다. 그래도 코로나19 확산기 때는 온라인 판매, 집 앞 배달이 가능한 전통주가 많이 보였는데 이것도 주춤하니 다시 수입 주류가 판을 치고 있다.

한창 '원소주'가 '리셀가(되파는 가격)'로 팔리는 시절에는 공병 보기가 어려웠는데, 물량이 많아지고선 제법 눈에 띈다. 원래 주류는 개인이 서로 판매하는 게 금지돼 있다. 하지만 '원소주' 붐이 일어날 때 당근마켓이나 중고나라에서 암암리에 거래되곤 했다. 병 디자인이 예뻐 소장용으로 공병만 거래하는 사람도 많았는데 술이 담긴 새 병을 공병인 척 판매하는 일도 왕왕 있었다. 불법 거래 게시물 제목엔 "원소주 팝니다 찰랑"이라고 쓰여 있다. '찰랑'은 술이 들어 있는 병이라는 뜻을 담은 은어다. 그땐 몰랐는데 지금 와서 생각해보니 이만 한 전통주 열풍이 부는 날이 또 올까 싶다. 공병조차 보이지 않을 정도로 인기가 많아 마치 '허니버터칩'을 떠올리게 했다. 부디 공병마저 소장하고 싶은 전통주가 앞으로도 나왔으면 좋겠다.

주류 업계 관계자의 통찰력처럼 "주류 트렌드는 재활용 쓰레기 버리는 날 알 수 있다"는 말은 어쩌면 정말 맞는지도 모른다. 강남 부촌의 의류 수거함엔 버려진 명품이 많다는 우스갯소리가 있지 않던가. 물론 한 오피스텔의 모습이 모두를 대변할 순 없지만, 트렌드가 꽤 그럴듯하게 맞아떨어지는 게 흥미롭다.

확실히 코로나19가 주류 문화에 끼친 영향력은 컸다. 코로나19 때는 SNS에서 주류 검색 키워드가 바짝 늘었는데, 요샌 예전만 못한 모양새다. 대신 분위기 좋은 곳에서 새로운 술 한잔, 쇼가 멋진 칵테일 바에서 한잔같이 장소의 영향을 많이 받는다. 더구나 술은 사치재에 가까워서 경기가 어려울수록 소주나 맥주 같은 서민 술이 더 잘 팔린다. 우리 오피스텔의 주류 트렌드도 곧 바뀔지 모른다. 싱글몰트 위스키는 들어가고 소주 혼술로. 비싼 병맥주 대신 카스나 테라 같은 국산 맥주로.

그리고 내심 와인병이나 맥주병이 널브러져 있는 것처럼 재활용 쓰레기장에 우리술이 널려 있으면 싶다. '나루생막걸리' '댄싱파파' '진맥소주' '복순도가 손막걸리' '가무치' 같은. 강원 철원 두루미양조장에서 나온 막걸리 '오래된 노래'처럼 라벨에 술 정보 대신 스탠딩 에그의 노래 가사가 적힌 술병은 "이 술 독특하다. 뭐지?" 하다가 결국 사서 마시게 되는 그런 꿈을 종종 꾼다.

요즘 같은 시대를 '개인화 마케팅' 시대, 이를 넘어 '초개인화 마케팅 시대'라고 한다. 마케팅은 사람의 마음을 사는 일이다. 예전보다 세분화되고 다양화되고 개인의 취향이 뚜렷해진 시대라 사람의 마음을 파악하긴 더욱 어려워졌다. 빅데이터, 알고리즘, 챗GPT가 화제가 된 이유도 어떻게든 사람의 마음을 세밀하게 알려고 하는 노력에서 기인

한다. 가끔은 내 생각을 읽고 있나 싶을 정도로 내가 원하는 타이밍에, 내가 원하는 물건이 뜨는 광고에 소스라치게 놀란 적도 많다. 가끔은 내가 모르는 나의 정답을 알려주기도 한다. 결국 사람의 일상을 쫓아가야 개인화를 넘어선 초개인화의 답이 보일 것이다.

좋은 술을 만들고, 남이 저절로 알아주길 바라는 시대는 이미 저물었다. 누가 내 술을 마시고, 어떤 술이 잘 먹히고, 어떤 술이 유행인지를 면밀히 검토해야 소비될 테다. 생크림케이크를 싫어하는 사람에게 생크림케이크로 구애하면 결국 쓰레기봉투행인 것처럼. 초개인화 시대에 당면한 잔혹한 현실이다. 〈곰팡이꽃〉은 1999년에 쓰인 소설이지만, 그게 20년도 지난 지금도 통한다. 아마 뭐든 만들거나 판매하는 사람은 모두 〈곰팡이꽃〉 주인공이 되고 싶을 것이다.

그러한 이유로 요새도 나는 가끔 쓰레기를 버리러 갈 때 어떤 술병이 버려져 있는지 유심히 본다. 사람들의 진심을 속속들이 알고 싶은 음침한 기자의 모습으로. 내가 어떤 글을 써야 사람들이 좋아할지 찾아나서는 기묘한 행색으로. 열 길 물속보다 한 길 사람 속을 아는 게 어렵다고 하지 않던가. 버려지고 악취 나는 것 사이에서 정보의 부랑아처럼 그 진실을 찾고 있다.

취하기 전에 알아야 할 우리술 상식 10

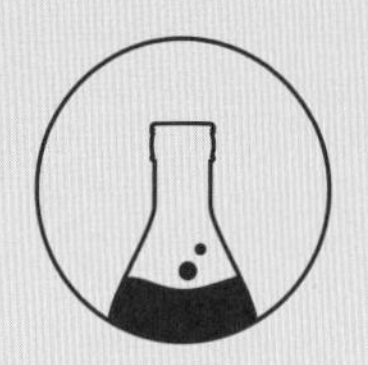

우리술과 찰떡궁합, 실패 없는 페어링 공식

'파전에 막걸리'라는 오래된 주문이 있다. 우리술에도 페어링 공식이 있다. 사실 가장 좋은 술안주는 좋은 사람과의 시간이란 말이 있지만, 여기에 음식과 술의 궁합이 맞으면 더 환상적인 술자리가 될 테다. 술이 '조연'이 아니라 '주연'이라면 페어링은 더욱 중요하다.

색

우리술과 비슷한 색을 가진 음식을 조합하면 잘 맞는다. 가령 레드 와인에 육고기, 화이트 와인에 해산물이 그렇다. 우리술도 비슷하다. 붉은색을 띠는 술은 육고기, 약주처럼 맑은술은 해산물과 무난하게 잘 어울린다. 이는 누구나 아는 가장 기본적인 공식이다.

원산지

페어링의 또 다른 방법은 술이 난 지역에서 유명한 음식과 조합하는 것이다. 특히 역사가 있는 술일수록 그 지역에서 나는 특산품과 잘 어울릴 가능성이 높다. 예를 들어 경기 파주 '아황주'는 파주 장단콩 두부전골, 울산 울주군 '복순도가 손막걸리'는 언양불고기, 충남 청양 '구기주'는 구기자 갈비전골, 충북 옥천 '향수' 막걸리는 도리뱅뱅, 전남 담양 '추성주'는 담양떡갈비와 어울린다.

원재료

술도 음식의 하나로 생각하면 페어링이 쉽다. 먼저 술의 원재료를 파악한다. 그다음 그 원재료와 잘 어울렸던 음식, 그 원재료를 활용했던 음식을 떠올린다. 쌀로 만든 막걸리는 밥과 잘 어울리는 음식과 상성이 좋다. 깻잎이 들어간 술이라면 불고기와 잘 어울릴 것이다. 바질이 들어간 막걸리를 마실 땐 '토마토 바질'이라고 묶여 불릴 만큼 짝꿍 조합인 토마토 요리를 먹으면 풍미가 깊어진다. 허브가 들어간 술은 육고기와 궁합이 좋다. 유자가 들어간 술은 사과가 들어간 디저트가 괜찮다.

질감과 식감

친구도 '끼리끼리', 술과 안주도 '끼리끼리'다. 질감이나 식감도 비슷한 것끼리 묶는 것이다. 담백한 술은 담백한 요리와, 강한 술은 강한 요리와 페어링하면 서로 장점은 살고, 단점은 보완하는 효과가 난다.

- 단 술 → 단 음식
- 드라이한 술 → 담백한 음식
- 산미가 있는 술 → 새콤한 음식
- 가벼운 술 → 간이 심심한 음식
- 무거운 술 → 간이 세거나 매운 음식

전문가의 추천

엄마가 자식 거짓말을 가장 잘 알 듯, 술을 가장 잘 아는 이는 만든 사람이다. 양조장의 술 소개를 보면 어울리는 안주를 간단히 찾을 수 있다. 양조장으로 여행을 갔을 때 살짝 물어봐도 좋다. 양조장에서만 몰래 페어링하는 이색 안주를 귀동냥할 수도 있다.

양념치킨과 애플사이더 '스윗마마(충북 충주 댄싱사이더)'

: 매콤한 자극을 청량한 사과 발효주인 스윗마마로 마무리하면, 혀끝에서부터 만족의 파도가 밀려온다.

티라미수와 '화심소주 군고구마 40도(경기 구리 화심주조)'

: 군고구마로 만들어 스코틀랜드 피트 위스키가 연상되는 술에 달콤한 안주는 옷 입은 것처럼 착 달라붙는다.

초콜릿과 '추사40(충남 예산 사과와인)'

: 사과 와인을 발효시킨 칼바도스 추사40은 사과의 달큼함과 스모키한 풍미가 있어 초콜릿과 잘 어울린다.

매운 태국 음식과 '시작始作(경기 용인 부즈앤버즈미더리)'

: 꿀을 발효시킨 미드인 시작은 매콤한 태국 음식과 '맵단 조합'으로 꼽힌다. 단맛과 탄산감이 얼얼한 혀를 녹여준다.

떡볶이와 '막쿠르트(경기 용인 술담화)'

: 마치 '주시쿨'에 떡볶이를 먹는 것 같다. 떡볶이의 매운맛을 달콤한 요구르트 맛 막걸리가 중화시킨다.

1 + 1 = 3

페어링의 묘미는 공식을 지키는 것도 좋지만 술과 안주를 함께 먹었을 때 시너지 효과를 내는 게 베스트다. 이를 위해선 '뜻밖의 안주'로 재미를 더하거나, 한국 술에 과감하게 양식 안주를 시도하는 건 어떨까. 술맛이 독특하다면 더욱 도전 정신을 발휘해보자.

발사믹 소스를 곁들인 치즈와 '지란지교 무화과탁주(전북 순창 지란지교)'

: 무화과탁주는 단맛이 강한 편이다. 여기에 발사믹 소스를 곁들인 치즈는 산미를 더해 입맛을 돋워준다. 풍미가 깊다.

장어구이와 '연연25(경기 광주 온증류소)'

: 진 만드는 방식으로 쌀소주에 참깨 향을 입힌 소주 연연은 참기름과 잘 어울리는 안주와 잘 맞는다. 장어구이를 고소하게 먹을 수 있다.

군밤과 '이너피스 플로우(경북 상주 상선주조)' 막걸리

: 포도, 민트, 라벤더가 들어간 막걸리인 이너피스 플로우는 담백하고 구운 냄새가 나는 밤과 함께 마시면 향이 더 살아난다.

과일, 꿀과 '이화주(경기 양주 양주골이가)'

: 떠먹는 막걸리인 이화주는 과일, 꿀과 먹으면 부드러운 디저트가 된다. 특히 꿀을 넣었을 땐 터키 디저트인 카이막이 연상된다.

생크림케이크와 '사온서탁주 누룩악귀(경기 광명 미소주방)'

: 말린 페페론치노를 넣어 매운 막걸리인 누룩악귀에 의외로 어울리는 건 생크림이다. 느끼함 없는 완전 '한국인의 맛'이다.

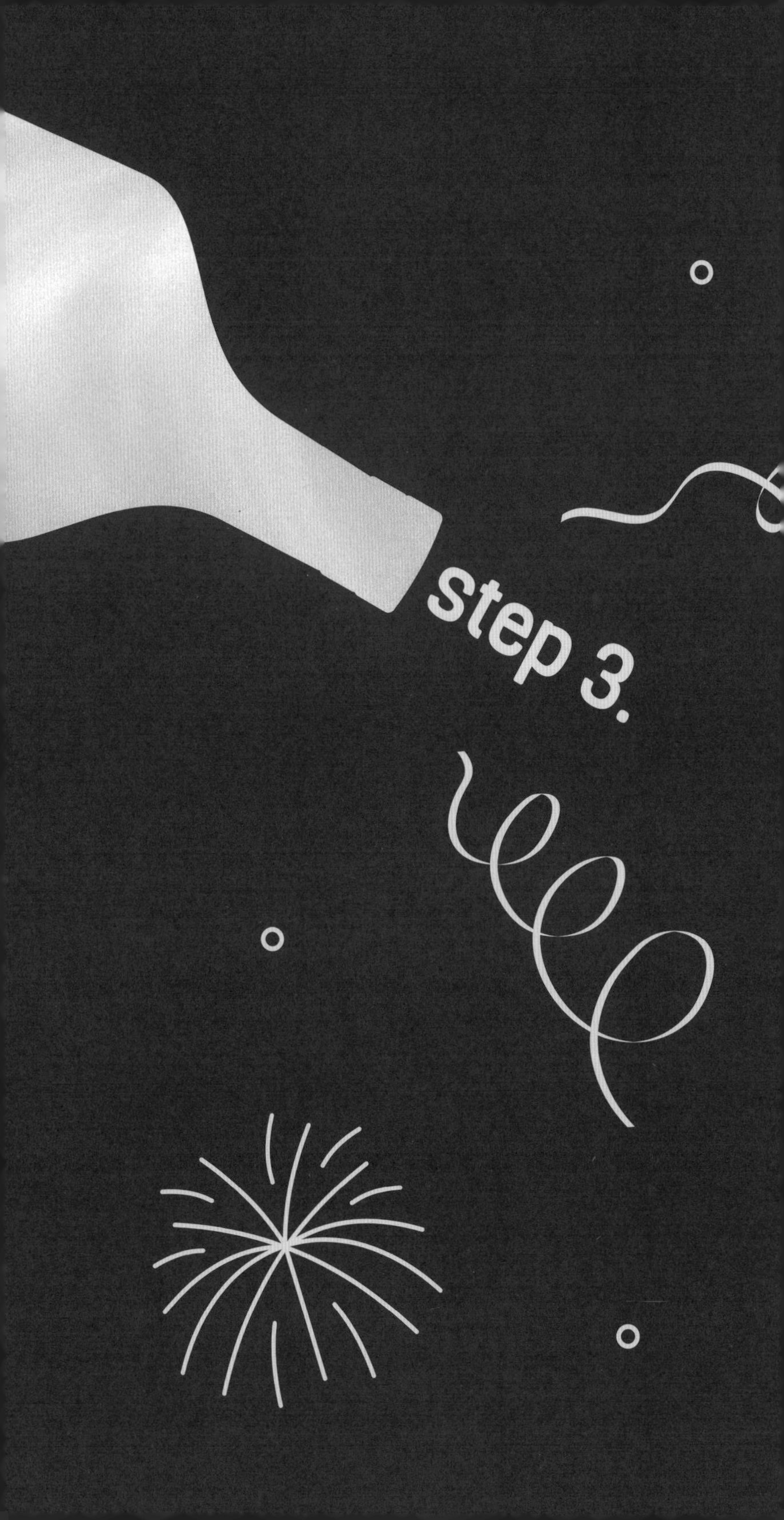
step 3.

나와 세상 사이에 놓인 이 한 잔의 술

JUNHA
10

1

술의 무게

#술과살 #제로술

#제로소주_새로 #제로막걸리_뉴룩

#탁브루_탁머슬_프로틴막걸리

아직까지는 살면서 몸무게의 변화가 크지 않았다. 태어나길 말라깽이였던 나는 극한의 몸무게 변화를 겪는다는 학창 시절에도 42~44kg 언저리를 오갔다. 날렵한 몸 덕분에 달리기를 꽤 잘했고, 단거리 선수로도 나갔다. '기아' '말라깽이' '나뭇가지' 같은 별명으로 불릴 정도라 속상한 일도 더러 있었다. 특히 어르신들은 마른 몸에 눈살을 찌푸리곤 했다. 남들만큼 먹는 밥 양도 관심의 대상이었고, 아무렇지 않게 내 팔뚝이나 허리를 툭툭 만지며 건네는 "어휴, 살쪄야지"라는 괜한 걱정을 듣기도 했다. 사람들은 이미 배가 부른데도 음식을 권하거나, 실례라고 하면서도 아무렇지 않게 체중을 물었다. 그렇게 나는 평생 살이 찌지 않을 줄 알았다.

체중이 늘기 시작했다

남들의 무례에 적응하며 살던 어느 날, 갑자기 체중이 늘기 시작했다. 정확히는 술 취재를 시작하면서부터다. 그렇게 살이 찌기를 기도할 때는 찌지 않더니 3년 만에 앞자리가 바뀔 지경이 된 것이다. 남들은 딱 보기 좋다고 말했지만 인바디 검사를 해보니 체지방이 30%를 넘어섰다. 조금 심각해졌다.

왜 술을 마시면 살이 찌는 걸까. 막걸리는 750㎖ 한 병에 약 345kcal 정도다. 막걸리는 포만감이라도 있지, 소주도 비슷한 칼로리라니 놀라웠다. 맥주 역시 500㎖ 기준 250kcal 정도다. 밥 한 공기가 300kcal이니, 술 한 병을 마시면 밥 한 공기를 먹는 것과 비슷한 셈이다. 그런데 술만 마시고 살찌는 사람은 거의 없다. 술과 함께 곁들이는 안주가 문제다.

'알쓰'가 술로 살이 찌는 게 말이 되나 싶겠지만, 문제는 늘어난 술자리만큼 '안주빨' 세우는 날이 많아졌다는 거다. 남들이 술을 마시는 타이밍에 멋쩍어진 손이 자꾸 안주로 향했다. 게다가 술자리는 대부분 저녁 시간이라 밤늦도록 뭔가를 먹어대기 일쑤였다.

특히 안주와 술을 페어링하는 재미를 깨닫고부터는 내가 먼저 술을 찾아 마신 날이 늘었다. 비 오는 날이면 바싹하게 구운 전에 막걸리 한잔, 분위기 잡고 싶은 날엔 치즈에 와인 한잔. 겉은 바싹, 속은 부드럽게 익힌 달걀말이나 막 튀긴 치킨에 시원한 맥주 한잔. 숯불에 구운 육즙 가득한 한우고기에 소맥 한잔. 안주 없이도 탄산수에 레몬을 곁들인 달달한 하이볼 한잔. 크으, 생각만 해도 군침이 돈다. 거기에 더해 술을 마시면 속이 왠지 허전해서 2차로 군것질까지 하게 된다. 집에 와서 얼큰한 라면 한 그릇 하고 잠들기도 했다. 제철 음식에 술 한잔 곁들이는 게 끝내준다는 깨달음을 얻고선 일부러 지방에 찾아다닌 적도 있다. 겨울이면 생굴에 먹는 소주 한잔이나 기름진 방어에 목구멍을 시원하게 적시는 청하 한잔이라니! 거기에 코로나19 확산이 해제되면서 갈 곳도 늘었다. 신기한 외국 술에, 현지에서만 먹을 수 있는 안주까지. 와인, 사케, 위스키 등 현지에서 그 나라 술을 마시는 건 새로운 즐거움이었다. 그렇다. 술은 나에게 그동안 몰랐던 인생의 새로운 재미와 추억을 줬지만, 동시에 원치 않는 군살과 죄책감을 가져다줬다.

술이 들어가면 몸은 해독에 집중한다

술이 들어간 몸은 모든 대사가 해독을 위해 움직이기 시작한다. 이 말은 곧 탄수화물, 단백질, 지방 대사의 순번이 밀려난다는 뜻이다. 순번이 밀려났을 뿐이지만 대사가 늦어지면서 탄수화물, 단백질, 지방이 부족하다고 느낀 우리 몸은 자꾸 음식을 갈망한다. 음식을 먹다 보면 몸이 해독을 마치고 드디어 대사가 시작되는데, 이때 쌓인 칼로리가 고스란히 몸에 축적되는 구조다. 더구나 술을 마신 날이나 그다음 날은 운동도 하지 않는다. 간이 몸을 해독하고 있어서 무리한 운동이 간을 망가뜨릴 수 있기 때문이다. 술을 마시면 '근손실' 난다는 게 괜한 말이 아닌 셈이다. 몸을 만들 때 술부터 끊으라 하는 것도 이 때문일 테다.

하지만 몸에 '술통' 없는 술 전문가 말은 믿지 말라고 하지 않던가. 술이 좋아져버린 나는 '마른 비만'을 함께 얻었다. 때마침 운동도 손에서 놓던 참이었다. 일주일에 두 번씩 배우던 양궁도, 일 년 동안 꾸준히 했던 발레도 코로나19를 핑계로 접었다. 덕분에 군살만 신나서 몸에 붙었다.

다시 운동을 시작한 건 회사에서 풋살팀을 만들면서다. 한국기자협회에서 처음으로 여자풋살대회를 연 것이다. 평소 뜻이 잘 맞던 후배와 함께 손을 잡고 사내 풋살팀을 만들었다. 풋살팀 선수는 5명밖에 안 됐지만, 우린 팀을 만든 3월부터 7월까지 정말 뜨겁게 그라운드를 뛰었다. 나는 골 결정력이 부족했지만 달리기가 빨라 포워드를 맡았다. 일주일에 많게는 세 번, 적게는 한 번은 꼬박꼬박 연습에 참여했다. 하지만 술 때문에 무거워진 몸은 고된 운동을 견디기 힘들어했다. 연습할 때 보통 2~3시간을 꼬박 뛰어야 하는데 조금만 뛰어도 숨이 찼다. 전보다 무거워진 몸 때문인지 부상도 잦았다.

풋살을 시작하면 더러 술배가 커진다고들 한다. 풋살이 워낙 격한 운동이라 운동을 마친 후에는 배가 고파지기 때문이다. 우리 팀 5명 중에 술 좋아하는 사람이 셋이나 있었지만, 바쁜 일정 때문에 샐러드로 대충 배를 채우고 운동했다. 체력은 점점 좋아졌다. 몸은 멍투성이였지만 불과 4개월 만에 훨씬 나은 모습으로 경기할 수 있었다. 첫 대회는 6월에 열렸는데 그날은 비가 많이 왔다. 장마가 유독 잦았던 초여름이었다. 비 때문에 당일 경기는 취소됐고, 다음 경기는 한 달 뒤에나 열렸다. 밀린 일정 덕분에 우리 팀 첫 회식이 열렸다. 조촐한 자리였지만, 빗소리를 들으며 마시는 막걸리는 끝내줬다. 이윽고 7월. 후회 없이 뛰었지만, 결과는 아쉬운 패배. 그래도 우리 팀원이 멋진 골을 넣어 뿌듯했다. 승패와 별개로 운동에 재미가 붙어가던 참이었다. 경기 직후에는 바로 헬스장으로 갈 것같이 굴었지만, 곧 해외 출장이 연달아 기다리고 있었다. 외국까지 가서 식단 조절을 하는 건 고역이다.

결국 한 계절이 지난 10월이 되어서야 난생처음 헬스장에 갔다. PT 가격은 눈이 튀어나올 정도로 사악했지만 큰맘 먹고 결제했다. PT 첫날, 담당 트레이너는 이렇게 말했다.

"몸 만들려면 술부터 끊으셔야 해요."

"술 마실 일이 많은데, 정말 어쩔 수 없이 술을 마셔야 한다면요?"

"간단하죠. 운동을 더 많이 해야죠."

술 때문에 찐 살이 모두의 고민거리였는지, 요즘은 기능성 알코올 제품이 많이 나온다. 술은 마셔야겠고, 그럴수록 살은 찌고, 살찌는 스트레스에 술 고프고. 이건 영원한 딜레마다.

살이 찌지 않는 술이 있다?

기능성 알코올의 선두에 선 게 제로 소주다. 제로 열풍에 힘입어 출시된 제로 소주는 당류가 0g이라서 살을 빼고 싶은 술꾼들에게 꾸준히 사랑받고 있다. 처음 나왔을 때만 해도 이게 팔릴까 싶었는데 제로 소주인 '새로'가 출시 7개월 만에 1억 병이 팔렸다고 한다. 탄산음료 시장은 제로 열풍이 더 거세다. 액상 과당이 신체에 얼마나 나쁜 영향을 끼치는지 유튜브 쇼츠로 다들 확인해서일까. 내 입맛엔 여전히 단 하이볼이 좋지만, 최근에 처음으로 제로 토닉도 사봤다. 위스키에 섞어 먹어보니 일본에서 마셨던 하이볼과 얼추 비슷한 맛이 났다. 진짜 술꾼들은 단맛 없는 하이볼을 좋아한단다.

제로 막걸리도 나왔다. 경기 화성 '뉴룩주식회사'에서 만든 제로 막걸리인 '뉴룩'은 지역 박람회에서 처음 접해봤다. 어떻게 만들었냐고 물으니, 쌀에서 나오는 당분을 알코올 발효로 없애고 천연 감미료인 알룰로스를 넣었다고 했다. 막걸리 특유의 꾸덕한 맛은 없지만 제로 막걸리라고 생각하니 청량하고 제법 괜찮게 느껴졌다. 이런 제로 열풍은 소주나 막걸리만이 아니라 다른 주류에까지 확산하지 않을까 싶다.

단백질을 넣은 기능성 막걸리도 등장했다. 지난해 여름 인천에 위치한 탁브루에 갔을 때 곧 신상 술이 나온다는 소식을 들었다. 어떤 술인지 궁금해서 캐물었지만 조금만 기다려보라며 절대 알려주지 않았다. 그땐 궁금증만 가지고 자리를 떴는데, 나중에 알고 보니 신제품은 단백질을 넣은 막걸리였다. 탁브루의 서기준 대표는 헬스대회에서도 여러 번 우승한 명실공히 '헬스인'이다. 술만큼 운동을 좋아하는 사람이 만든 막걸리라니. 자신의 색깔을 고스란히 담고 있는 막걸리라서 출시 소식을 듣고 무척 반가웠다.

이 신상 막걸리 '탁머슬' 한 병에 든 단백질은 20g이다. 닭 가슴살 제품에 보통 30g의 단백질이 들어 있으니, 닭 가슴살에 준하는 고단백질 제품이다. 술에 '유청 단백질 분말'을 넣은 게 비결이었다. 이 단백질 분말 때문에 주세법상으로는 막걸리가 아닌 기타 주류로 분류된다. 맛도 조금 시큼할 뿐 일반 막걸리와 큰 차이가 나지 않는다. 막걸리 특유의 향은 가지고 있으면서, 단백질이 들어가 있다는 게 재밌다. 아마 운동과 술, 어느 하나도 포기할 수 없어서 만든 제품일 테다.

업무적으로도 술 마시는 일이 많다 보니 평일에 운동하기가 쉽지 않다. 그래도 웬만하면 쉬는 날은 운동을 하려 노력한다. 1박 2일 출장을 가서도 일부러 러닝을 한다. 누군가 "너는 술을 잘 안 마시니 술에 쓰는 돈보다 술로 버는 돈이 많다"고 농담한 적도 있다. 맞는 말이다. 하지만 술이 내 지갑을 채워줄(?)지언정 내 건강을 담보하진 않는다. 술이 두려운 건 오래전 술을 좋아하셨던 친할아버지가 결국 술 때문에 간이 상하는 모습을 지켜본 탓도 있다.

아무 생각 없이 몸의 땀을 빼는 것도 술 마시는 일만큼이나 재밌다. 러닝머신보다 효과가 좋다는 '천국의 계단(스텝밀)'도, 지옥 같은 하체 운동도 할 땐 고역이지만 하고 나면 후련한 느낌이 든다. 풋살도 그래서 좋았다. 회사에서 업무를 하며 느낀 복잡함이 공 한 번 찰 때마다 사라지는 것 같았기 때문이다.

일과 삶의 균형을 '워라밸'이라고들 한다. 술과 운동도 그렇게 될 수 있을까. 알코올은 운동만큼 즐겁고, 운동도 알코올만큼 즐거우니 그들의 균형을 잘 찾을 수밖에. 일단 30%나 되는 체지방을 없애나가며 술을 더 마실 명분을 찾아야겠다.

2

해장법

#숙취해소원탑_콩나물국 #숙취해소클래식_컨디션_여명808_알유21

#서양숙취해소_토마토주스 #서양해장술_블러디메리

#바나나우유해장 #햄버거해장 #해장술

한때 회사 식당에선 특정 요일마다 콩나물국이 나왔다. 대가리가 노란 콩나물을 팔팔 끓인 말갛고 간간한 콩나물국. 그날은 대개 목요일이었다. 수요일에 회사 동료끼리, 업무적으로도 술 먹는 일이 많아서다.

콩나물국 말고도 북엇국이나 감자탕, 시래깃국도 인기 있었다. 코로나19가 확산하고 술자리도 예전만 하지 않아지면서 암묵적인 '국물 식단'이 슬금슬금 사라졌다. 술을 많이 마신 다음 날 아침 즈음 되면 선배들이 후배들을 끌고 가서 근처 선짓국 파는 식당에서 밥을 사주는 일도 있다. 뜨거운 건 잘 못 먹는 편이었는데도 선배들이 사준 5000원짜리 선짓국은 입에 넣는 족족 홀랑홀랑 잘도 들어갔다. 포슬포슬하게 익은 선지를 반으로 갈라 푹 익은 시래기와 함께 오물오물 씹으면 참 고소했다. 밤새 쓰린 속도 가라앉는 것 같았다.

마시는 일만큼 중요한 게 푸는 일

술을 마신다는 건 부정적으로 보면 몸에 독소를 쌓는 일이다. 이 독을 잘 풀어내는 게 옳다는 건 누구나 아는데, 어떻게 풀어내는가가 문제다.

나는 숙취가 꽤 심한 편이다. 조금만 섞어 마셔도 다음 날 머리 꼭대기까지 절절하게 아파오는 기분이 든다. "머리 아프다"는 말로는 좀 모자라고 "대가리가 깨질 것 같다" 정도는 되어야 성에 찬다. "머리 꼭대기"라는 말도 좋다. 술을 너무 많이 마시면 숙취가 온몸에 차오르는 것 같은데, 그때는 머리보다 사지 끝을 묘사하는 단어가 필요하다. 머리 꼭대기까지 술이 차오르면 두통으로 세상이 빙빙 돌고, 누가 얼음 깨는 망치로 관자놀이를 은근하게 계속 두들기는 것처럼 느껴진다.

머리만 아프면 좋겠는데, 속에선 온갖 장기가 고통스러운 비명을 지른다. 식도는 쓰릴 정도로 아프고, 내장에서는 후끈후끈한 열기가 느껴진다. 상태가 심하면 배앓이도 한다. 안에 있던 것을 앞이든 뒤든 모조리 쏟아내야 그날을 겨우 버틸 수 있는 것이다. 화장실에 앉아 아픈 배를 움켜쥐고선 "내가 또 이렇게 마시면 사람이 아니야!"라고 눈물로 다짐한다. 하지만 그렁그렁한 눈으로 맹세한 모든 다짐이 그렇듯, 약속은 깨지기 마련이다.

내 친구 중 하나는 그런 숙취까지 사랑한다고 했다. 그는 정말 지독한 술꾼이었는데, 덩치도 몸에 술통 하나가 있는 것처럼 컸다. 그는 인사불성이 될 정도로 만취한 다음, 아침까지 이어지는 숙취 여파를 즐기는 걸 좋아했다. 이해가 안 됐지만, 숙취를 사랑할 만큼, 마치 허물까지 보듬는 지고지순한 연인처럼 술을 사랑한 것이다. 지금도 술꾼이라면 모름지기 그래야 한다고 생각한다. 하지만 나는 그런 술꾼이길 바라진 않는다.

숙취는 말하자면 자신과의 싸움이다. 숙취를 이겨내기 위해선 별 방법을 다 쓴다. 술을 마신 직후에 숙취 해소제를 두 병씩 먹는다거나, 조금 더 잘 버텨야 하는 자리가 있으면 약국에서 1만 원에 달하는 고급 숙취 해소제를 구매한다. 비싸서 플라시보 효과라도 있는 건지 실제로 효과가 가장 좋다. 중요한 술자리에서 고급 숙취 해소제를 마시면, 갑옷으로 중무장하고 전쟁터에 나서는 기분이다. 이 또한 대부분 나의 패배로 끝난다. 금융 출입을 할 때는 증권맨들 사이에서 유명한 알약으로 된 '알유(RU)21'이라는 걸 먹었는데, 요즘은 캐러멜 형태의 '히말라야' 숙취 해소제가 유행이란다. 물론 '컨디션'이나 '여명808(이하 여명)' 같은 클래식도 있다. 여명을 마시면 토하게 해서 술을 깬다는 루머가 있었지만, 나는 한 번도 이걸 마시고 토해본 일은 없다. 루머는 루머일 뿐이다. 아니면 토할 때까지 마셨거나.

숙취 해소는 발끝부터 머리끝까지 느껴지는 기운을 해결하는 문제라면, 해장은 장을 풀어내는 쪽에 가깝다. 물론 둘 다 궁극적으론 술기운을 풀어내는 것에 의미가 있지만, 숙취 해소 방법보다 해장법이 훨씬 각양각색이다.

나는 술을 마시면 '바나나우유'를 마시는 버릇이 있었다. 술을 과하게 마시면 뭐랄까, 장기 안에서 오돌토돌한 염증이 수백 개 나 있는데 그 틈으로 누군가 영원히 꺼지지 않는 불꽃을 뿜어내는 기분이 든다. 그때 바나나우유를 쪽쪽 빨아 먹으면 속의 열기가 가라앉는 것 같기도 하다. 그런데 찾아보니 실제로 우유가 숙취 해소에 도움이 된다고 한다. 위벽을 보호하고, 바나나우유 같은 경우엔 당분이 들어 있는데 당을 보충해 숙취 해소에 도움을 준다고. 대학교 때 미팅이나 남녀가 어울리는 술자리에 가면 관심 있는 친구에게 "초코우유 사러 갈래?"

라고 꾀어 남몰래 산책해본 경험이 있을 것이다. 그땐 잘되고 싶어서인 줄 알았는데, 사실은 우유로 위 내벽을 보호하기 위한 과학적인 이유 때문은 아니었을까.

얼큰한 탕은 기분은 개운하지만 국물 좀 마셨다고 숙취가 사라지진 않는다. 느글거리는 속을 잡아주는 것 같아도 오히려 속을 더 버릴 수도 있다. 하지만 콩나물국은 좀 다른 녀석이라고 한다. 콩나물 머리에는 비타민B1이, 몸통에는 비타민C가, 뿌리에는 아스파라긴산이 들어 있다. 아스파라긴산은 숙취 원인인 아세트알데히드를 없애준다. 나트륨 배출 효과도 있다. 목요일마다 콩나물국이 자주 나왔던 이유가 있었던 것이다. 그런데 콩나물국은 의외로 호불호가 있어서, 국물 중에서도 꼭 베트남 쌀국수를 고집하는 사람들이 있다. 방송국에서 인턴 기자로 일하던 시절, 점심은 배달로 시켜 먹었는데 점심 주문은 막내인 내 담당이었다. 방송국 기자들도 술을 참 무시무시하게 마셨는데, 그때 꼭 베트남 쌀국수로만 해장하는 선배 기자가 있었다. 쌀국수라는 게 실은 고기 국물이라 콩나물국보다 속이 든든했을지도 모른다. 지난 설에 할아버지 댁에서 큰 가마솥을 걸어 소머리를 삶았다.직접 끓인 국물에 밥을 만 소머리국밥은 술 안주로도 좋고, 해장국으로도 훌륭했다.

아침 드라마에선 숙취 해소제로 유난히 꿀물이 많이 나온다. 알코올 해독하느라 몸은 당분과 수분이 부족한 상태인데, 꿀물을 섭취하면 혈당이 높아지면서 숙취 해소에 도움을 준다고 한다. 예전에 꿀을 하도 좋아해서 엄마 몰래 꿀을 퍼먹다가 토한 일이 있다. 꿀은 그만큼 달다. 그러고 한동안 꿀을 먹지 않았는데, 개 버릇 남 못 준다고 다시 꿀에 집착하고 있다. 꿀은 해장에도 그만이다. 달기만 한 게 아니라 마시면 위장을 싹 감싸주는 듯한 느낌이 난다. 그래서 사무실 책상에도 늘 짜 먹는 꿀을 둔다. 술이 깨지 않을 땐 급히 꿀물을 타서 응급약처럼 처방한다.

서양에선 우리가 꿀물을 마시는 것처럼 토마토주스를 찾는다고 한다. 토마토에 들어 있는 리코펜 성분이 알코올과 아세트알데히드 배출을 돕는다는 것이다. 토마토에는 비타민C도 풍부하다. 비타민C는 간을 보호하는 역할을 한다. 토마토를 잔뜩 넣어 죽처럼 주스를 만들면 위도 든든하게 채워준다. 토마토주스를 만들 때 꿀을 몇 스푼 더해도 좋다. 믿거나 말거나. 토마토주스를 넣은 칵테일인 '블러디 메리'는 마침 해장술로 유명하다. 영국 여왕이었던 메리 1세가 청교도를 과도하게 탄압하면서 붙은 별명이 '블러디 메리'였다. 보드카를 베이스로 하고 토마토주스, 핫소스, 레몬주스, 우스터소스 등을 넣는다. 잔 가에는 소금을 묻힌다. 토마토와 레몬은 비타민C가 풍부하고, 소금은 부족한 전해질을 채워준다고 한다.

사람이 백 명이면 해장법도 백 가지

라면. 해장에 빠질 수 없는 단어다. 대학교 때 MT를 가면, 밤새 술을 마시고 아침엔 불어터진 라면을 삼삼오오 모여 먹었다. 신기한 건 MT 가서 라면 물 제대로 맞추는 사람을 본 적이 없다는 사실이다. 그냥 물은 대충 눈대중으로 맞추고, 라면 여러 개를 어림잡아 투하한 뒤, 간이 좀 맞지 않는다 싶으면 쌈장을 퍼 넣는다. 전날 굽다 남은 고기도 썰어 넣고, 요리 좀 한다는 친구는 청양고추나 마늘도 넣었다. 돌이켜 생각하니 그렇게 이것저것 넣는 바람에 면이 팅팅 불었던 것이었다.

술 잘 마시는 사람은 라면을 안주 삼아 소주로 혼술을 하기도 한다지만. 뭘 먹든 꼭 탄수화물로 마무리해야 하는 한국인들은 고기를 구워 먹다가도 마지막은 라면 사리로 끝낸다. 이쯤 되면 음주 후 라면은 '국룰' 같다. 개인적으론 후추와 빻은 마늘을 왕창 넣은 라면을 좋아한다.

친구들 중엔 기괴한 해장을 하는 몇몇도 있다. 예를 들면 내 친구 중 한 명은 술 취하면 롯데리아에서 햄버거 2개를 사는 게 술버릇이었다. 아침에 널브러진 햄버거 봉투를 보고 기겁해도 막상 기억은 나지 않는다고 한다. 미국인은 치즈버거로 해장을 많이 한다는 말도 들었다. 술을 많이 마시면 위산 분비가 많아 속이 쓰린 증상이 심해지는데, 기름진 음식을 먹으면 이것이 완화되기 때문이다. 하지만 술 마신 날도 분명 기름진 안주를 먹었을 텐데, 다음 날 해장으로 기름진 햄버거를 먹는다면? 지방간 예약이다. 치즈 폭탄 파스타나, 구운 빵에 체더치즈를 왕창 얹어 먹는 사람도 있다. 반대로 일본은 느끼한 음식 대신 매실 절임이나 녹차밥 같은 개운한 음식으로 해장하는 편이라고 한다.

'아아'파도 있다. 술 마신 다음 날 얼음 잔뜩 넣은 아이스아메리카노로 속을 개운하게 만든다는 주장이다. 안타깝게도 이는 좋은 해장법은 아니다. 술을 마시고 머리가 아픈 이유는 뇌에 있는 혈관이 확장됐기 때문인데, 카페인을 마시면 혈관이 확장돼 두통이 유발될 수 있어서다. 그리고 커피는 위산 분비를 촉진해 속 쓰림 현상을 강화할 수 있다고 한다. 그래도 술은 됐고, 음식은 도저히 목구멍에 넘어가지 않는다는 사람은 절대적으로 아아만 찾는다. 아아 대신 우유는 어떨까? 아아파에게 제안해봤더니 차라리 술을 더 마시겠다고 한다.

기괴한 해장의 끝판왕은 해장술이다. 해장으로 쓰린 속을 다시 술로 푼다는. 고통을 고통으로 잊는 방법이다. 의사들은 해장술을 마시느니 차라리 마약을 먹으라고 말할 정도로 해장술은 몸에 안 좋다. 아직 간이 해독을 하지 못했는데 거기에 술을 끼얹으면 과로사할 것이 뻔하다. 놀랍게도 해장술을 마시면 잠시 숙취가 사라지는 것 같은 효과를 준다. 또 술을 마시고 해장술을 마시는 멤버는 보통 어제 만났던 사람을 복사-붙여넣기 한 것처럼 그대로다. 사이도 더 돈독해지고 술자리가 더 즐거운 것 같은 착각에 빠지게 된다. 이는 잠시 감각을 마비시켜서 숙취가 느껴지지 않는 거지, 실은 숙취는 담요 속에 숨긴 화투패처럼 고스란히 때를 기다리고 있다. 또 해장술에 중독되면 알코올 중독에 빠질 가능성도 높다고 하니 주의하자.

이론적으로는 해장 음식이 정해져 있지만 실은 답은 없다. 아픈 건 본인만 느낄 수 있어서다. 어떤 사람은 샐러드 한가득, 또 어떤 사람은 시원한 냉면 한 그릇, 또 다른 사람은 초콜릿 같은 단것. 해장국 대신 꼭 순댓국을 먹어야 한다는 사람도 있다. 그래도 나만의 해장법을 가지고 있다는 건 꽤 부러운 일이다. 속을 풀 줄 아는 사람이 술을 마실 줄도 알기 때문이다. 아직 나만의 해장법에 정착하지 못한 '알쓰'는 오늘도 숙취에 괴로울 뿐이다.

취하기 전에 알아야 할
우리술 상식 11

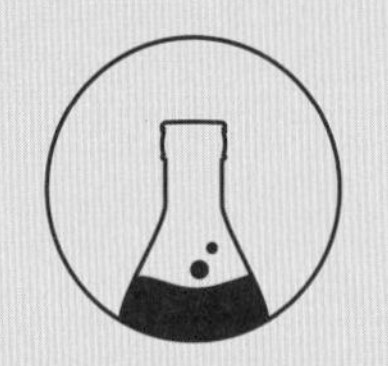

술을 즐기는 세 가지 감각

빛깔로, 향기로, 맛으로 즐기는 우리술의 세계. 누구에게나 주어지는 한잔의 술을 더 특별하게 즐기는 방법을 소개한다.

시각

술의 색은 맑은지, 불순물이 있진 않은지 확인한다. 막걸리는 덩어리진 게 없이 균질하고 술이 고른 게 좋다. 탄산이 있는 술은 올라오는 기포를 관찰해보자. 맑은술은 차가운 푸른색에 가까운 연초록색, 노란색, 볏짚색, 황금색 등 다양한 색을 즐길 수 있다. 이는 원재료나 빚는 방법, 숙성 방법에 따라 색이 다르다. 증류주는 투명하고 백탁 현상이 없는지 본다. 요즘 오크통에서 숙성된 증류주가 많으니 앞으로 더 다양한 색을 즐길 수도 있겠다.

후각

코로 천천히 술을 음미한다. 향에 정답은 없다. 누군가는 과일 향을 느껴도 다른 사람은 견과류 냄새를 느낄 수 있다. 술의 향은 참 다양하다. 갓 지은 밥이나 나무 냄새가 나기도 한다. 참고로 잘 익은 막걸리는 참외나 멜론, 바나나 향이 난다.

느낀 향을 기록해두면 나중에 술을 고를 때 편리하다. 또 여러 술을 동시에 시음해야 하면 콧구멍을 한 쪽씩 이용해 향을 맡으면 코의 피로감이 덜하다. 이는 위스키 증류소에서 일하는 양조사들이 많이 쓰는 방법이다. 상한 술은 이취나 오래된 간장, 과하게 시큼한 냄새가 난다. 또 보관 방법이 잘못된 술은 냉장고 냄새나 묵은내가 나기도 한다.

미각

드디어 맛을 볼 차례다. 첫맛, 중간 맛, 끝맛이 어떤지 섬세하게 느껴본다. 처음부터 소믈리에처럼 맛볼 필요는 없다. 단맛과 신맛은 어느 정도인지 속으로 별점을 매겨본다. 그다음 떫은맛, 쓴맛, 감칠맛 정도도 가늠한다. 마지막으로 목에 넘겼을 때 후미와 감각은 어떤지 충분히 즐긴다. 또 비슷해 보이는 술과 비교해 마시면 차이를 쉽게 느낄 수 있다.

인생 첫 낚시로 건져 올린 도다리

3

선상낚시

#낚시광_폴퀸네트 #울진_죽변항

#화장실이_없는_배 #청개비_청갯지렁이

#참가자미 #봄도다리 #화요_40도

"고생한 만큼 보람 있다."

이 뻔한 문장이 가끔은 싫다. 쉽게 풀어갈 수 있는 일도 힘들어야 해결할 수 있는 것만 같아서다. 매번 뭔가를 얻기 위해서 죽자고 고생하고 싶진 않다. 그러나 취재할 때만큼은 저 문장을 실감한다. '글발'이라는 게 있다면, 딱 고생한 만큼 살아나기 때문이다. 힘든 취재는 티내고 싶은지 어떻게든 생생하게 써보려 애를 쓰는 탓이다. 고생할 것을 알면서도 한번 숨을 푹 쉬고, 고생의 길로 뛰어드는 것도 그 이유 때문이다. 가령 지난해 봄 선상낚시 취재가 잡혔을 땐 어느 정도 고생길을 예감하고 있었다.

고기 만나러 가는 길

"인생의 어느 순간에는 반드시 낚시를 해야 할 때가 온다!"

세계적으로 유명한 심리학자이자 낚시광인 폴 퀸네트가 남긴 말이다. 인생을 돌아보는 데 낚시만 한 취미가 없다는 뜻이지만, 이는 막 낚시 취재를 앞둔 내 심장을 콩닥거리게 했다. 그럼 내 인생의 낚시할 때는 지금일까.

선상낚시 마니아라는 양 선생님을 부장께 소개받아 따라가기로 했다. 외가와 친가가 모두 섬마을이라 바다 냄새는 꽤 익숙했고, 배를 탈 일도 몇 번 있었지만 막상 낚시를 해본 적은 없었다.

여정은 어느 깊은 밤 시작됐다. 최종 목적지는 경북 울진. 접선 장소는 경기 부천의 한 공용주차장, 약속 시간은 자정이었다. 서울에서 밤늦게 지하철을 타고 부천의 한 공용주차장으로 향했다. 넓은 주차장에서 한참을 헤매며 기사와 몇 번의 전화 통화를 주고받은 뒤 겨우 '출조 버스'를 탔다. 일출 전에 배를 띄워야 하는 탓에 수도권에 사는 낚시꾼들은 새벽에 움직이는 출조 버스를 탄다. 출조 버스는 참 신기하게 생겼다. 버스 좌석에는 프리미엄 버스처럼 스툴로 조악하게 만든 발 받침대, 목베개, 그리고 충전기가 있다. 나보다 먼저 버스에 탄 낚시꾼은 누가 타거나 말거나 모자를 푹 눌러쓴 채 쿨쿨 자고 있었다. 나도 잠자리 가리지 않는 데는 복 받은 터라 의자에 새우처럼 몸을 말고 구겨져 잠을 청했다. 버스가 한참 덜컹거리며 움직였지만, 곧 흔들의자처럼 편하게 느껴졌다.

"자, 다들 일어나세요. 아침 먹읍시다."

버스 기사의 호령에 깜짝 놀라 눈을 뜨니 시계는 오전 4시 30분을 가리키고 있었다. 너무 갑자기 눈을 떠서 순간 앞이 흐리게 보였다. 간신히 초점을 맞추고 네이버 지도를 켜보니 죽변항과 가까운 삼척이었다. 슬쩍 본 하늘은 장막이 드리운 것처럼 어둑어둑했다. 좀비처럼 느릿하게 걷는 낚시꾼들을 졸졸 따라가니 다들 오래된 백반집으로 홀린 듯 들어갔다. 백반집 사장님은 사람이 들어올 때마다 된장국, 달걀 프라이, 반찬 서너 가지를 척척 내놓았다. 낚시 코스란 게 이렇다. 출조 버스, 뱃삯, 아침 백반까지 한 세트다. 배에선 언제 점심을 먹을지 모르니 이때 든든하게 먹어야 한다. 짭조름한 된장국 냄새에 신이 나서 밥을 뜨려는데, 양 선생님이 이러신다.

"배 위에는 화장실 없는데?"

울진 죽변항까지 삼척에서 30분 정도 걸렸다. 죽변항에 내리자 잠이 어느 정도 깨고 구겨져 잔 탓인지 어깨가 조금 아팠다. 하늘은 장막을 거둬 빛이 어스름하게 비치고 있었다. 4.58t 규모의 선박들, 이른바 통통배가 죽변항에 열을 맞추고 기다렸다. 멀지 않은 곳에서 생선 경매 소리가 들리기에 가봤더니 참가자미 경매로 분주했다. 참가자미는 동해에서 주로 잡히는 생선인데 가자미류 중에서 맛이 가장 뛰어나다. 이날 낚을 물고기도 한창 물이 오른 참가자미였다.

선상낚시는 그야말로 이사를 한 번 치르는 것과 비슷했다. 양 선생님이 나 대신 분주히 낚시채비를 통통배에 실어 날랐다. 그 사이에 선장이 명부를 들고 다니면서 낚시꾼들을 헤아렸다. 선장은 피부가 까맣게 타고 깡말랐지만, 눈빛이 날카로운 어르신이었다. 구명조끼를 입고 낚싯배에 탔다. 출항과 동시에 바다와 하늘이 닿을 것 같은 물마루에 붉은 해가 마치 신호탄처럼 두둥실 떠올랐다.

죽변항에서 출발해 1시간을 꼬박 가니 털털거리던 배가 시동을 껐다. '포인트'에 도착한 것이다. 좋은 선장은 다른 것 없다. 운전이 어쩌든, 그저 물고기 잘 잡히는 포인트에만 데려다주면 그게 1등 선장이다. 선장들은 저마다 자기만 아는 포인트가 있다고 했다. 배에는 여덟 정도가 탔는데 전부 남자였다. 모두 여기까지 오는 길에 낚싯대를 조립해뒀다.

"미끼는 끼울 수 있겠어요?"

양 선생님이 더미를 내밀었다. 종이상자에는 꿈틀거리는 청개비(청갯지렁이)가 한가득 담겨 있었다. 말이 지렁이지, 생긴 건 지네였다. 이걸 그냥 끼우는 것도 아니었다. 청개비는 길이가 작은 건 7~8cm, 큰 건 놀랍게도 종에 따라서 2m에 이르는 것도 있다. 보통 미끼로는 15~18cm쯤 되는 것도 쓴다. 하지만 낚싯바늘이 그만한 갯지렁이를 달 일도 없고, 물고기가 갯지렁이 긴 놈은 미끼만 먹고 도망가기 일쑤라 길이를 딱 바늘에 알맞게 조절한다. 칼로 손질할 시간이 없어서 이걸 손으로 끊는다. 손으로 끊으면 무슨 사람 피 같은 붉은 피가 울컥울컥하고 나와 장갑 끝이 빨갛게 물든다. 평소 비위가 좋은 편이어도 이건 보자마자 소름이 끼쳤다.

미끼까지 끼웠으면 이젠 낚싯줄을 던지면 되는데, 선상낚시는 대부분 '고패질' 낚시다. 낚싯줄을 던져놓고 미끼를 위아래로 움직이면서 물고기를 유인해 낚는 걸 고패질이라고 하는데, 가자미처럼 바닥에 사는 고기를 잡을 때 이 방법을 쓴다고 했다. 낚싯바늘에 걸린 추가 바닥 모래를 일으켜 시야를 가려 미끼를 물게 하는 것이다. 실은 선상낚시를 갈 때 원거리에서 투척하듯 낚시하는 '원투낚시'를 그렸는데, 고패질은 그것보다는 조금 심심했다. 양 선생님이 낚싯대를 가만 잡고 있으면 고기 무는 느낌이 온다고 했다. 그런데 이게 바람 때문에 흔들리는 건지, 진짜 고기란 놈이 문 건지 가늠이 되지 않았다. 문지방 너머에서 실로 산모 맥을 잡는 조선시대 돌팔이처럼 긴가민가하고 있는데, 분명 뭔가 다른 진동이 가볍게 '툭' 하고 울렸다.

"어어, 이건가?"

"어이! 지금, 지금!"

양 선생님 채근에 릴을 빨리 감아냈다. 줄이 한 10m 정도 오르자 추의 무게가 새삼 달랐다. 검푸른 물살을 헤치고 커다란 고기가 뛰어올랐다. 가자미도 아니고 봄의 신사 도다리였다. 좌광우도라 했다. 눈이 왼쪽으로 쏠리면 광어, 오른쪽으로 쏠리면 도다리다. 낚싯줄에 매달려 힘차게 펄떡이는 물고기의 힘이 손끝에서부터 어깨까지 그대로 전해왔다. 이것이 손맛이로구나. 꽤 큰 도다리를 건지자 다들 "우와!" 하며 부러워했다. 우리 배 첫 수확이었다.

몇 명이 또 물고기를 낚기 시작했다. 이번에는 배가 노오란 물고기가 '펄떡' 하고 올라왔다. 참가자미다. 참가자미는 배에 연노랑 무늬가 있다. 낚시꾼들은 기계처럼 미끼를 끼우고 낚아 올리기를 반복했다. 워낙 낚싯바늘이 많다. 내가 도다리를 낚고 한동안 소식이 없자, 선장이 선장실 서랍을 뒤적거리더니 뭘 하나 꺼내주었다.

"이거이 내가 개발한 기계인데 말이야."

보통 낚싯바늘은 한 개인데, 선장이 내민 건 낚싯바늘이 8개 달린 추였다. 여기에 미끼를 하나씩 끼워놓고 기다리기만 하면 낚을 수 있다고 했다. 속는 셈 치고 바늘을 넣었더니 물고기가 금세 2~3마리씩 걸려 나왔다. 고기가 잘 잡히니 배 분위기가 좋았다. 낚싯바늘이 많으니 서로 옷이 걸리는 일도 부지기수. 낚싯바늘이 선장 옷에 꿰자 그가 농담석인 고함을 지른다.

"고기 안 잡힌다고 나 잡아갈라 그러네!"

싱싱한 세월을 낚는다

진짜 힘든 건 시간 싸움이었다. 입질이 없으면 지루해질 법도 한데, 낚시꾼들은 잠자코 물고기가 걸리길 기다렸다. 바다 위에 대충 소변을 처리하는 일이 자연스러운 낚시꾼들 속에서 볼일을 참겠다는 일념 하나로 물 한 모금 넘기지 않았다. 목이 바짝바짝 말라왔지만 어쩔 수 없었다. 함께 간 사진기자 선배는 이미 기진맥진 상태였다. 카메라를 꼭 안은 채 닿을 듯한 육지를 보며 "저기 나만 내려주면 안 되나"를 공허하게 읊조리고 있었다.

점심때가 넘어가자 고기 잡히는 게 눈에 보이게 뜸해졌다. 양 선생님이 참가자미 하나를 회 쳐주겠다 했다. 낚시채비 가방은 '도라에몽 주머니' 같았다. 거기에서 갑자기 도마와 회칼을 번쩍 꺼내는데, 바다 위는 생수가 귀하니 깨끗한 천으로 닦았다. 낚시꾼들은 피우던 담배를 내려놓고 그 손으로 고기를 썰었다. 비위가 요만큼이라도 상하면 낚시꾼 틈바구니에 어울리지 못한다. 하지만 물 한 모금 못 넘긴 속이 어떻겠나. 그런데 두툼하게 썰어낸 참가자미회에 초장을 듬뿍 찍어 한입 밀어 넣으니 회가 쫄깃하게 혀에 달라붙었다. 와! 진짜 꿀맛이다. 참가자미는 게 눈 감추듯 입으로 쏙쏙 들어갔다.

이 틈을 놓칠세라 나도 가져간 짐을 펼쳤다. 다른 준비물은 챙기지 않고 낚시꾼들에게 아부하려고 '화요 40도' 미니어처 한 박스를 챙겨갔다.

"술 마실라고? 안 돼애."

펼쳐서 나눠주려니 선장이 말렸다. 알고 보니 배 위에서 술 마시

는 게 불법이란다.

"근데 이거 진짜 좋은 술인데…."

마시는 건 고사하고 낚시꾼들의 호주머니 속으로 '화요'가 한 병씩 사라졌다. 선장이 나지막이 "그게 좋은 술이여?" 묻기에 한 병 챙겨드리니 아까 그 서랍에 던지듯 넣었다.

"아니 기자 양반은 생긴 건 그렇게 안 생겨놓고 독주를 마시네. 소주도 아니고 40도를 챙겨와?"

한 낚시꾼이 술이 든 주머니를 토닥거리며 말을 건넸다.

"고기도 못 잡는데 이런 거라도 해야죠."
"무슨! 못해도 열다섯 여섯 마리는 잡았겠네."
"내 고기 아니에요."

한바탕 잔치가 끝나고 오후 2시가 넘자 선장이 슬슬 눈치를 주었다. 낚시꾼들과 묘한 실랑이가 벌어졌다. 배에 오른 지는 어언 8시간, 서울에서 출발한 지는 이미 13시간, 그리고 물을 마시지 못한 지는 9시간이었다.

"거이 고기 지느러미 봐봐. 시계 안 붙었나. 오후 2시만 되면 딱 하고 집에 가."

선장이 단호하게 말하고 키를 돌리자 낚시꾼들이 키즈카페에 온 아이들처럼 집에 가길 아쉬워했다. 그럼 뭐 하나, 결국 부모 손에 이끌려 집에 가야 할 팔자인 것을. 나도 꾀죄죄한 몰골로 슬그머니 선장 편을 들었다. 고기 잡는 낚시꾼이야 1분이 아쉽지만, 나는 땡볕에 서서히 익어가고 있었기 때문이다. 돌아가는 뱃길에는 잡은 물고기로 무슨 요리를 만들지 이야기꽃이 피었다. 매운탕을 끓여다가 소주 한잔해야겠다고 들뜬 낚시꾼도 있었다. 이날 최종 어획량은 도다리 한 마리, 참가자미 여섯 마리. 처음 치곤 나쁘지 않은 성적이었다. 드디어 죽변항에 다다르는데, 저 멀리서 플래카드가 나부꼈다.

"동해안 최고의 어업전진기지, 죽변항 입항을 환영합니다"

만선하고 돌아오는 기분이 이런 걸까. 항구에 도착해 아이스박스를 열어보니 물고기들이 벌써 죽어가기 시작해 끈적한 진액 같은 게 나왔다. 항구에서 기다리고 있던 선장의 아내가 뛰어나와 서울까지 가져가라고 아이스박스에 얼음을 담아주었다.

"고기를 너무 잡아가니까 마누라가 이젠 싫어해."

선장의 아내에게 투정 부리는 낚시꾼은 말과는 달리 웃고 있었다. 가족들과 고기 나눠 먹을 생각에 신난 것일까. 낚시꾼의 마음 한 조각을 훔쳐본 것만 같았다.

우리 조의 졸업주 '혼저홉서예'와 '화이투데이'

4

졸작(卒作)이 졸작(拙作)으로 남지 않게

#한국가양주연구소_술빚기 #단양주
#부재료_꽃_과일_봄나물_지초_홉 #졸업작품
#혼저홉서예 #화이투데이

이번에는 술 빚기 공부를 하겠다며 다시 한국가양주연구소를 찾았다. 똑똑한 기자들은 취재원이 대충 말해도 알아듣는다지만, 나는 몸으로 부딪쳐야 익히는 편이었다. 전통주 소믈리에 자격증을 따고 어설프게 아는 게 생기니 취재 중에 자꾸 궁금증이 생겨나 참을 수가 없었다. 결심이 서고 술 빚기를 배우는 3개월 과정에 등록했다. 막걸리, 약주, 증류주 등 주종별로 궁금했던 점을 한 겹씩 풀어 헤치면서 나아갔다. 지방 출장이 아니면 결석하지 않았다. 그렇게 일상과 공부에 치이며 주 2회 수업을 듣던 어느 날, 이 수업에서도 졸업 논문, 아니 졸업 작품을 제출해야 한다는 사실을 알게 됐다.

내 인생에 졸작 제출이 또 있을 줄이야

졸업 작품은 한 조가 힘을 모아서 만들어냈다. 한국인이 싫어한다는 조별 과제였다. 각 조는 6~8명으로 구성돼 있는데, 우리는 개중에서도 별난 조였다. 사람들은 '고수'가 많은 조라고 했지만, 막상 우리끼리는 서로 너무 개성이 강한 것 같다고 했다. 주류 업계에서 알아주는 맥주 고수, 단양주 빚기가 취미인 메이크업 아티스트, 유명 전통주 양조장에서 일하는 양조사, 말투가 조곤조곤하고 손이 야무진 한 선생님, 턱수염으로 유명한 양조장 마케팅 담당자, 그리고 어딘가 범상치 않은 '조장'이 있었다. 술 빚기를 본격적으로 배우기 전에 술을 빚을 줄 아는 사람만 넷이나 됐다. 그런데 나중에 들으니 이 수업은 나처럼 술 빚기를 모르는 초보보다 이미 술을 빚어본 사람이 더 많이 듣는다고 했다. 마치 대치동에서 초등학교 입학 전에 수학의 정석을 모두 떼고 온 느낌이랄까. 술은 이제 조금 알지만, 술 빚기는 지식도, 경험도 없던 나는 눈만 끔뻑끔뻑 뜨고 민폐가 안 되길 바랄 뿐이었다.

졸업주는 제출일 2개월쯤 전부터 준비를 시작했다. 그 무렵 졸업주 단체톡방이 만들어졌다. 제출할 술은 2개인데, 그건 결정이 쉬웠다. 하나는 곡물만 이용한 순곡주, 다른 건 부재료를 쓴 술을 빚기로 합의했다. 순곡주는 재료도 쌀이고, 빚는 방법에 대한 의견도 크게 다르지 않아 의견이 쉽게 모였다. 문제는 부재료였다. 한국가양주연구소 입구 벽면에는 이전 기수들의 졸업주가 쫙 붙어 있는데 쓰지 않은 부재료가 없었다. 어떤 사람은 새우로 술을 제출했다는 소문도 있을 정도였다. 입에 넣을 수만 있으면 모두 부재료가 될 수 있다. 그만큼 술에 쓰는 재료가 다양하다.

리더십 있는 조장은 그 많은 부재료 중에서 몇 가지를 추려서 바로 투표에 부쳤다. 꽃, 과일, 봄나물, 지초 그리고 홉이었다. 지초는 감홍로나 홍주에 쓰는 약재다. 꽃과 과일이야 워낙 술에 많이 쓰는 재료지만 봄을 기다릴 때쯤이고 시장에 봄나물이 나오기 시작할 무렵이라 나물도 좋았다.

그리고 문제의 홉. 그 당시 홉에 대해 내가 아는 건 '맥주에는 홉이 들어간다'는 정보까지였다. 부재료 후보로 홉이 나온 건 우리 조에 맥주 고수가 있었기 때문일 것이다. 홉은 맥주에선 빠질 수 없는 양념이다. 어떤 홉을 쓰느냐에 따라 맥주의 맛과 향이 크게 달라진다. 우리가 맥주에서 느끼는 풍부한 과일 향과 풀 냄새, 쓴맛은 모두 홉에서 나온다. 우리나라에서도 홉을 재배하는 농장이 있지만 상업 양조를 할 정도로 충분한 양을 생산하진 않는다. 당연히 국내산 홉이 들어간 우리술은 커녕 수제 맥주도 찾아보기 어렵다. 경북 문경주조가 '폭스앤홉스'라는 이름으로 직접 재배한 국산 홉을 넣은 맥주 스타일의 막걸리를 내고 있지만 판매한 지 꽤 됐는데도 따라 하는 양조장이 없다.

어느 날 우리 조의 맥주 고수가 '드라이홉(말린 홉)'을 잔뜩 가져왔다. 우리술 수업에 홉의 등장이라니, 조원들은 모두 처음 보는 홉의 모습에 신기해했다. 드라이홉은 고양이 두부모래처럼 생긴 초록색 펠릿 형태로 만들어져 있다. 조원들은 만져도 보고 부숴도 보고 물에 띄워 향도 맡아보고 살짝 먹어도 봤다. 손에 대고 비비자 부서지면서 시트러스한 레몬 향과 꽃 향이 코로 확 쏟아졌다. 맥주 고수는 이런 향이 술에 들어가면 '호피하다'고 설명했다. 어릴 적 어떤 말을 처음 배우면 그 말만 중얼거리고 다니는 것처럼, 난생처음 '해피하다' 말고 '호피하다'라는 말을 배운 이후로 나는 꼭 우리술에 홉을 쓰고 싶다고 생각했다. 어느 날 단톡방에서 말을 던지듯 건넸다.

"홉에 한라봉을 넣어서 '혼저홉서예' 어때요?"

"아니면 홉에 목련을 더해서 술 이름은 '호프(HOPE)'."

홉에 꽂힌 나는 술 빚기에는 영 자신이 없었기 때문에 그나마 할 수 있는 작문이라도 자판기처럼 쏟아냈다. 상상만 쌓여갈 무렵, 단양주 고수가 홉을 넣은 여러 가지 실험주를 집에서 만들어 가져왔다. 그는 술에 자신이 없어 술의 기본이 되는 단양주만 줄곧 빚어왔다고 했지만, 모든 술 빚는 이들이 말하듯 기본이 가장 어려운 법이다. 단양주는 물, 쌀, 누룩으로 딱 한 번 빚는 술인데, 빚는 시기가 짧고 빚는 과정이 간단한 대신 맛이 일정하지 않거나 변화가 생기기 쉽다. 두 번 빚는 이양주, 세 번 담금하는 삼양주로 보완해 안정적인 술맛을 낼 만큼 예민하고 실패할 확률이 높은 술이 바로 단양주다. 단양주 고수가 매번 집에서 술을 빚어올 때 맛보면 "양조장 차리시면 안 돼요?"라는 말이 절로 나오지만, 그는 곱슬머리를 좌우로 젓기만 하는 겸손한 분이었다. 단양주 고수는 실험주를 만들어오겠다고 하고선 무려 열네 가지나 되는 샘플을 빚어왔다. 부재료로는 진피, 목련, 망고, 솔잎, 코코넛워터, 레드향 등을 골고루 사용했다. 그때 내가 적은 시음 노트는 이랬다.

1. 주시함. 꽃 향, 귤 향, 델몬트 오렌지주스 질감.

2. 풍부한 꽃 향, 고소함. 비릿한 풀 향. 나뭇가지. 거친 느낌.

3. 꽃 향과 과일 향 밸런스가 좋음. 홉의 가벼운 맛을 잘 눌러서 진득하면서도 경쾌함.

4. 코코넛워터. 부드럽고 약한 단맛과 감칠맛. 물 탄 오렌지주스.

5. 엄청 달다. 입술이 촉촉해질 정도의 단맛. 망고의 달콤한 향이 강렬하다. 홉이 거의 없음.

6. 향이 무진장 좋음. 과일? 홉이랑 시트러스한 맛이 매우 비슷.

7. 백설탕이 강한 생강과자 맛. 비린 맛. 익은 수정과. 아린 맛.

8. 과일 향과 오일리한 느낌이 부각됨. 솔잎.

9. 강한 오렌지 향. 청량한 솔잎 향이 적절하게 어우러짐. 씁쓸함. 레드향이 들어가 기분 좋은 맛.

10. 생강, 코코넛워터가 들어가서 부드러운 과자 맛이 남. 톡 쏘는 맛은 사라졌지만 각진 도형 같은 맛.

11. 동정춘 느낌. 코코넛워터의 부드러움. 산미. 맛있음.

12. 쓰다! 진피 향은 좋은데 너무 써요!

13. 오묘한 부드러움. 화사하고 시원한 생강 향.

14. 산미 있는, 깔끔한, 찹쌀 맛. 꽃 향.

지금 보니 무슨 암호문을 적어놓은 것 같지만, 우리 조는 1번, 3번, 9번, 11번, 12번 술을 가장 좋다고 평가했다. 그중에서 반응이 좋았던 건 3번과 9번 술이었다. 9번은 레드향이 들어간 술이었는데, 최종적으로는 레드향 대신 한라봉을 갈아서 쓰기로 했다. 그리고 장난처럼 쓴 '혼저홉서예'가 술 이름으로 당첨됐다.

술로 빚은 인연

술 빚기에 영 맹탕이니 조원을 도울 방법이 없었다. 술을 잘 빚는 조원이 마치 제 일처럼 나서서 술 빚는 일정을 짜기 시작했고, 카리스마 넘치는 조장은 맑은술 띄우기, 술 이름 정하기, 라벨 만들기, 발표 자료 만들기 등 계획을 세워나갔다. 그중에서 나는 라벨을 맡겠다고 손을 들었다. 순곡주 '화이투데이'는 턱수염이 난 선생님이, 나는 '혼저홉서예' 라벨 제작을 담당했다. 이런저런 레퍼런스를 찾아보며 10개의 샘플을 만든 다음 최종적으로 하얀 배경에 한라봉과 홉 이모티콘이 들어간 귀여운 글씨가 당첨됐다.

술은 술대로 잘 발효됐다. 술이 처음으로 끓어올랐을 때 조장이 호들갑을 떨며 "우리 술, 잘된 것 같아요!"라고 외쳤다. 속으로 얼마나 안심했는지 모른다. 다른 조의 술을 흘깃흘깃 쳐다보며 혹시나 비장의 무기를 쓸까 봐 어설픈 스파이처럼 굴기도 했다. 라벨을 뽑아 손으로 하나하나 붙이고 병입하는 과정에서 우리가 만든 술에 꽤 애정이 생겼다.

졸업식에서 결과가 발표되었다. 낮반, 저녁반 수강생이 모두 모여 평가를 받았는데, 수상은 딱히 기대하지도 않았다. 개성 넘치는 조원들이 모여 작품을 만든 것에 이미 충분한 뿌듯함을 느꼈다. 하지만 거짓말처럼 우리 조가 1등을 했다. 깔끔하게 빚어낸 순곡주 '화이투데이'가 주인공이었다. 이렇게 쓰고 보니 무슨 대기업 자기소개서를 쓴 것 같은 기분이지만, 정말 그랬다. 1등 상품은 찹쌀 80kg. 찹쌀로 술 잘 빚으라는 의미다. 단양주 고수가 이렇게 말했다.

"개성이 넘쳐서 안 맞을 줄 알았더니, 우리 이상하게 잘 맞죠!"

속으로 킥킥거렸다. 다들 서로의 개성에 속앓이한 순간이 있었을 것이다.

또다시 이렇게 술을 빚고, 라벨을 붙일 일이 있을까. 물음표를 수백 개 달고 시작한 수업은 3개월 만에 그렇게 끝이 났다. 어떤 궁금증은 말끔히 해소되었지만, 어떤 궁금증은 더 커졌다. 동시에 나는 양조의 길을 걷기엔 한없이 부족한 사람이란 걸 깨달았다. 시인에 이어 양조인도 실패다.

졸업 후에도 조원들과 몇 번 만나 함께 술을 마셨다. 술을 같이 마시면 술친구라고 하지 않던가. 우린 빚어 마셨으니 얼마나 대단한 술친구인가.

취하기 전에 알아야 할
우리술 상식 12

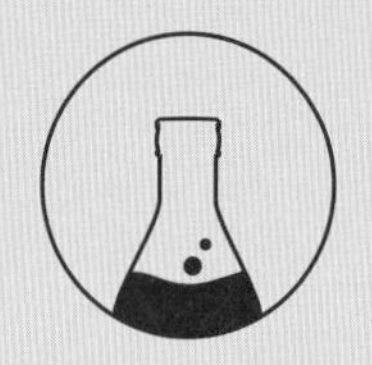

덧술로 더하는
맛의 한 끗

막걸리는 빚을 때마다 그 맛과 특성이 달라진다. 쌀, 물, 누룩으로 만드는 게 기본이지만, 이를 한 번 담그면 단양주고 단양주를 밑술 삼아 고두밥 등을 한 번 더하면 이양주가 된다. 1차 밑술에, 2차로 겹쳐 담그는 이 과정을 '덧술'한다고 표현한다. 덧술을 할수록 이름 속 숫자가 삼양주, 사양주, 오양주로 늘어난다. 덧술할수록 도수가 올라가고, 잔당이 생겨 술이 달아지며, 쌀이 많이 들어갈수록 진해지고 질감이 무거워진다(드물게 육양주나 칠양주도 쓰지만, 큰 이점이 없고 도수도 18도 근처에서 더 이상 올라가지 않아 잘 만들지 않는다).

단양주

한 번 빚는 술, 주로 여름에 빚었던 술로 신맛이 강하고 탄산이 있다. 대부분의 막걸리 원데이클래스에서 빚는 술이 단양주다. 단순해 보이지만 의외로 술맛을 잡기가 쉽지 않아 상업 양조로 제품화하는 데는 적합하지 않다는 평이 많았다. 최근에는 특유의 산미 때문에 찾는 사람이 많아졌다.

- **탁100:** 인천 탁브루컴퍼니 | 10.5도 | 전 제품을 단양주로 출시한 양조장답게 술 품질이 안정적이고 맛이 가볍고 깨끗하다. 최근에는 '탁머슬'이라는 프로틴 함유 막걸리를 내놨다.
- **악양막걸리:** 경남 하동 악양주조 | 6도 | 하동에서 생산하는 쌀로 만든 단양주로 드라이하고 목 넘김이 경쾌하며 가성비가 좋다.

이양주

밑술과 덧술로 만드는 가장 흔하게 보는 막걸리. 덧술을 할수록 술의 발효가 안정적으로 이뤄진다.

- **화전일취12:** 강원 춘천 지시울양조장 | 12도 | 단맛과 신맛이 조화를 이루는 부드러운 탁주로, 항아리에 숙성시킨다.
- **팔팔막걸리:** 경기 김포 팔팔양조장 | 6도 | 젊은 양조인들이 의기투합해 김포금쌀로 만든 막걸리로 부드럽고 단맛이 난다.

삼양주

밑술과 두 번의 덧술로 만드는 술로 과거에는 겨울에 많이 빚었다. 최근 프리미엄 막걸리 가운데 많이 볼 수 있다.

- **양지백주:** 강원 양양술곳간 | 15도 | 진한 쌀 향과 깔끔한 목 넘김, 다채로운 과일 향을 느낄 수 있다.

- **벗이랑:** 대전 석이원주조 | 12도 | 모든 술을 세 번 빚는 양조장으로 장기 저온 숙성시켜 깊은 맛을 낸다.

사양주

삼양주에서 한 번 더 덧술을 한 술이다. 실은 한국에서는 '4'가 부정적인 숫자라 사양주 자체를 잘 홍보하지 않는다.

- **느린마을 막걸리 한번더:** 배상면주가 | 12도 | 기존 막걸리에서 한 번 더 빚어 묵직함과 더 깊어진 술의 단맛을 선보였다.
- **해창막걸리 18도:** 전남 해남 해창주조장 | 18도 | 떠먹는 요구르트처럼 질감이 묵직하며 입 안 가득 쌀의 풍미가 느껴진다. 같은 양조장에서 생산하는 9도, 12도, 15도도 인기가 많다.

오양주

다섯 번 빚는 술로 부드럽고 질감이 묵직한 술이 많다.

- **서울 오리지널:** 서울양조장 | 7.5도 | 설화곡이라는 자가 누룩으로 빚어 우유병에 담았다. 참고로 서울양조장은 모든 제품을 오양주로 만든다.
- **천비향 약주:** 좋은술 | 16도 | '다섯 번 깨워 만든 약주'라는 콘셉트로 일 년 이상 장기 숙성시켜 깊은 맛을 살렸다.

5

작지만 진한 여운, 미니어처

#술샘_미르미니어처 #맹개술도가_진맥소주미니어처
#한국고량주_서울고량주미니어처 #국순당_려미니어처
#스코틀랜드_글렌알라키 #이강주미니어처 #싱글몰트위스키_아드벡

눈이 오는 날이었다. 제주도의 한 술집에서 혼자 술을 마셨다. 한옥을 개조한 곳이었다. 눈 내리는 창밖을 바라보다가 문득 위쪽을 응시했다. 대들보엔 100개는 족히 될 법한 전 세계 미니어처 술이 있었다. 그 술이 어디서부터 왔을지 상상했다. 술집 주인이 여행갈 때마다 사서 모은 것일까. 그때부터 여행을 가면 그 나라의 미니어처 술을 동생에게 사다 줬다. 나는 밖순이, 동생은 집순이다. 나는 '알쓰'지만, 동생은 술꾼이다. 여행을 겁내는 동생에게 그 나라의 감성이 전해지길 바라는 마음이 있었다.

스코틀랜드 주류 전문점의 미니어처들

맛과 멋이 담긴 작은 병을 찾아서

미니어처라고 하면 기준이 모호하다. 어떤 사람들은 100㎖를 미니어처라고도 하고, 알고 보면 20㎖짜리 미니어처도 있어서다. 50㎖ 미니어처가 가장 흔하다. 100㎖는 미니어처라고 하기엔 조금 크고, 20㎖는 전시하기엔 조금 아쉽다. 50㎖ 미니어처는 작고 귀여운 데다 소장할 맛도 난다. 나도 욕심껏 미니어처를 사고 싶은 마음이 항상 있지만, 한두 개 모으면 계속 살 것만 같아서 동생이나 친구들에게 선물하는 걸로 대신하기로 했다. 미니어처는 꽤 비싸다. 위스키 미니어처는 50㎖ 한 병에 7000~1만 2000원도 한다.

보통 미니어처가 많은 가게는 장사가 잘되는 곳이다. 술도 안 팔리는데 굳이 비싼 미니어처까지 둘 필요 없어서다. 한국에는 생각보다 몇 곳 없다. 예전에 편의점 세븐일레븐에서 홈술, 혼술족을 겨냥한 '미니바'를 설치한 적이 있다. 유명한 해외 술 미니어처를 모아놓은 바였다. 최근엔 CU에서도 'CUBA SIGNATURE'라고 주류를 전문적으로 파는 코너를 마련해놨는데, 아니나 다를까 미니어처 코너가 따로 있다. 그런데 미니어처 한 개에 1만 원이 넘는 게 너무 많아서 한 번도 사본 적은 없다.

스코틀랜드로 위스키 취재를 떠나기 몇 주 전, 나는 전통주 미니어처를 찾아나섰다. 부담스럽지 않은 선물을 주고받는 건 인간관계를 말랑말랑하게 만든다. 그와 더불어 취재할 때 만난 사람들에게 우리술을 알릴 기회라고 생각하기도 했다.

편의점이나 마트에서는 전통주 미니어처를 찾아보기 어렵다. 온라인에서 '전통주 미니어처'라고 검색하고 뒤졌는데도 몇 개 나오지 않았다. 그래서 인스타그램 스토리로 팔로워들에게 물으니 몇 가지 전통주 미니어처를 추천해줬다.

경기 용인 술샘의 '미르', 경북 안동 맹개술도가의 '진맥소주', 충북 영동 한국고량주의 '서울고량주', 국순당 '려' 등 좋은 술로 만들어진 미니어처는 많았지만, 내가 원하는 미니어처는 꽤 까다로웠다. 일단 선물 받는 사람이 호불호가 갈릴 수 있으니 너무 도수 높은 술은 피했다. 그리고 겉보기에 모양이 예쁜 술이면 더 좋았다. 우리 전통 문양이 들어가 있으면 더욱 좋고. 또 술에 대한 소개가 영어로 적혀 있으면 좋겠다 싶었다. 술을 하나하나 설명해도 상대가 메모해놓질 않으면 잊을 것 같아서였다. 미니어처가 통 없으니 대신 도자기 잔을 추천해준 팔로워도 있었다. 좋은 아이디어라고 생각했지만, 캐리어로 선물을 옮기다 깨질 것 같아 피했다. 기준을 가지고 추리니 몇 개 남지 않았다.

결국 고민 끝에 고른 술은 전북 전주의 '이강주' 50㎖였다. 도수는 25도. 미니어처가 에밀레종 모양이었고, 이 모양 말고도 향로 모양, 편병 모양 등이 있었다. 조선 3대 술이라는 스토리가 있는 점도 좋고, 개별 포장된 점 역시 마음에 들었다. 병 한 개만 달랑 주기보단 상자째 주는 게 좋을 것 같아서였다. 포장재 겉면엔 '이강주'에 대한 설명이 외국어로 되어 있었다. 가격은 미니어처라고 하기엔 술 한 병을 살 수 있을 정도로 비쌌지만, 몇십 개를 주문해서 그대로 스코틀랜드에 들고 갔다.

스코틀랜드 증류소에서 인터뷰한 취재원에겐 모두 우리술 미니어처를 선물했다. 대부분 내가 한국 술을 가져온 자체를 좋아했다. 미니어처로 선물하는 게 조금 아쉬워 "원래 한국 사람들은 인심이 대단한데, 그 인심을 담기엔 내 캐리어가 작았다"를 영어로 말했다. 그리고 술을 줄 땐 꼭 이 질문을 했다.

"한국 술 마셔본 적 있어요?"

놀랍게도 단 한 명도 한국 술을 접해본 적이 없었다. 이들은 조금 멋쩍어하더니 '사케'는 알고 있다고들 했다. 이 먼 나라에 사케 아는 사람은 있는데 우리술은 모르는 사람이 많은 게 조금 서글펐다. 도대체 일본은 어떻게 홍보했기에 하나같이 사케를 아나 싶었다.

이강주 미니어처를 선물받고 환하게 웃는 글렌알라키의 수 브로디

머나먼 곳에서 한국 술로 기억될 이름, 이강주

스페이사이드에 있는 글렌알라키 증류소에선 빌리 워커의 빅팬이자 증류소 가이드를 해준 수 브로디 씨에게 선물했다. 수 브로디 씨는 증류소 곳곳을 보여주고, 오크통 냄새 하나하나를 맡게 해준 열정적인 가이드였다. 그는 선물을 받고 뛸 듯이 기뻐하더니 '이강주'를 찍어 인스타그램에 올리기까지 했다. 선물해준 바로 다음 날 '이강주'를 따서 "오늘 정말 색다른 걸 시도하려고 한다"라는 문구와 함께 위스키 잔에 따라 마셨다. 미니어처 술은 딱 한잔하기에 좋다. 좋은 혼술이 됐길 바란다.

스코틀랜드의 서쪽에 있는 아일라섬에 갈 때도 미니어처를 들고 갔다. 그때는 취재 막바지라서 남은 '이강주'를 어떻게든 멋진(?) 스코틀랜드인에게 선물하고 귀국할 요량이었다. 그중 하나는 루치스바에서 일하고 있는 피터 맥렐란 대표에게 돌아갔다. 루치스바는 아일라섬에 머물면서 갈 만한 바를 찾다가 평점만 보고 들른 곳이었다. 들어가니 한쪽에서는 풋볼 경기를 켜놓고 맥주 한잔을, 또 다른 한쪽에서는 위스키를 죽 일렬로 두고 동네 사람들이 모여 앉아 위스키를 마시는 기묘한 분위기의 바였다(참고로 영국에 가면 바마다 응원하는 팀이 다르니 팀을 잘못 응원하지 않도록 주의해야 한다). 가끔 어떤 바는 "풋볼팀 응원복은 입고 오지 마시오"라는 경고문이 적혀 있을 정도로 영국 사람들은 축구에 진심이기 때문이다. 나도 눈치껏 살피다가 그 바에서 응원하는 팀이 골을 넣으면 환호를 보내주곤 했다. 어차피 난 야구팬이라서 딱히 거리낄 것도 없었다.

우리나라에서는 위스키라고 하면 분위기 잡고 마시는 경우가 많은데 이곳은 캐주얼했다. 역사만 해도 38년은 됐다고 한다. 루치스바에 있는 위스키만 모두 1500종 정도는 된다. 진정한 위스키 덕후가 만든 바인 셈이다. 처음부터 그에게 미니어처를 선물할 생각은 없었지만, 혹시라도 만날 '멋진 스코틀랜드인'을 찾을까 봐 미니어처는 내내 내 가방 속에 있었다.

그는 위스키를 마실 거면 이 책을 보라면서 겉으로 봐선 노래방 책 같은 걸 두고 갔다. 책에는 "위스키 바이블"이라고 적혀 있었다. 그때쯤엔 매일같이 위스키를 최소 열 잔씩은 마셔서 위스키가 조금 물릴 참이었다. 결국 위스키 대신 옆 테이블에서 시킨 초콜릿 퍼지와 흑맥주를 따라 시켰다. 그러고선 그를 물끄러미 관찰했다. 그는 내내 분주하게 오가면서 동네 사람 한 명 한 명에게 좋은 위스키를 소개했다. 그러더니 곧장 내 테이블로 와서 술이 마음에 드느냐고 물었다.

"이 중에 괜찮은 위스키가 있나요? 가격은 아주 비싸지 않은 걸로요. 저는 피트 위스키도 좋아하고 셰리 캐스크 위스키도 좋아해요."

그는 친절하게 몇 가지를 추천해주면서 아일라섬이 마음에 드느냐고 물었다. 한국 사람들은 '스몰톡'에 익숙지 않다. 하지만 나는 일주일 넘은 스코틀랜드 생활로 스몰톡이 반갑고 정겨웠다. 아일라섬이 주는 특유의 분위기가 마음을 열어주었다. 그에게 답한 것처럼 나는 아일라섬이 마음에 들었다. 섬 주민이 3000명밖에 안 되는 작은 섬은, 누구라도 서로 알았던 것처럼 친절하게 굴었다. 심지어 낯선 동양의 나라인 한국에서 온 이방인에게도. 나는 바를 나서며 그에게 우리술 미니어처를 선물했다. 그는 정말로 기뻐하면서, 잠깐 기다리라고 하더니 창고에서 한참 뒤적이다가 뭔가를 꺼내왔다. 싱글몰트 위스키인 '아드벡' 빈티지였다.

"이건 정말 오래된 아드벡인데, 피트 위스키 좋아한다고 했으니 한번 마셔봐요."
"아니에요! 안 줘도 돼요. 그냥 준 거예요."
"나도 그냥 주는 거예요."

그가 따라준 '아드벡'을 마시면서 나는 아일라섬을 더욱 사랑하게 됐다. 지금도 머리에 사진으로 찍어놓은 것처럼 그 순간이 남아 있다. 1500종이 있다는 위스키 컬렉션에 한자리 차지하고 있는 '이강주'의 모습이라니. 미니어처를 받은 그도 한국 술은 처음이라고 했다. 모쪼록 내 선물이 그에게 한국 술에 대한 호감을 가져다줬길 바란다.

마지막 남은 미니어처는 아일라섬 여행 때 만난 미국인 아이린에게 돌아갔다. 아이린은 딸과 함께 스코틀랜드에서 위스키 여행을 하고 있었다. 딸은 런던에서 유학 생활을 하고 있었고, 아이린은 세상 근심과 걱정은 한 번도 겪어보지 않은 것처럼 매사에 잘 웃는 밝은 사람이었다. 심지어 말을 꺼내기 전에도 먼저 웃을 준비부터 하고 있었다. 웃음소리도 독특해서 그가 웃으면 근처에 있는 모든 사람이 미소를 지으며 그를 쳐다볼 정도였다. 처음엔 아이린의 행동이 어딘가 낯설고 불편했다. 나는 아이린처럼 누구에게나 친절한 사람이 아니었기 때문이다. 왠지 삐딱하게 그를 지켜보고만 있었는데, 결국 '아며들고' 말았다. 며칠 시간을 함께 보내니 그의 구김 없는 태도가 사랑스러웠고 속으론 부러웠다.

어느덧 이별의 시간이 왔을 때 아이린에게 '이강주'를 선물했다. 아일라섬을 떠나 육지로 가는 배 안이었는데, 아이린은 내가 가방에서 선물을 꺼내기 전부터 크리스마스 선물을 받는 아이처럼 입에 손을 대고 놀랄 준비를 하고 있었다. 술을 건네자, 아이린은 기다렸다는 듯 이게 어떤 술인지, 어떻게 마시면 좋은지 신이 나서 캐물었다. 나도 하나하나 답해주며 '이강주' 말고도 우리 막걸리나 소주에 대해서도 설명해줬다. 아일라섬에서 육지까지는 배로 2시간은 가야 하는데, 그 술 덕분에 그 시간이 짧게 느껴졌다. 아이린과 헤어질 즈음엔 눈물이 찔끔 날 뻔했다. 분명 아이린과 헤어질 즈음에는 나도 한국에 가서 그녀처럼 밝고 쾌활한 사람이 되어야지 결심했는데. 그래서 한국 와서도 며칠간은 모르는 사람에게도 웃으면서 인사하는 버릇을 들였는데 얼마 못 갔다. 스코틀랜드에서 누구에게나 친절했던 사람들의 모습이 따뜻하고 좋았고 배우고 싶었다.

우리술 미니어처는 작은 선물이었지만, 지금 생각해도 정말 잘 챙겨갔다. 생전 본 적 없을 우리술을 외국인에게 알린 것도 의미 있었지만, 내가 그들에게 느꼈던 작은 고마움들을 짧은 영어 대신 어떻게라도 표현할 수 있어 더 좋았다. 곧 해외로 갈 생각이라면 우리술 미니어처 몇 병을 캐리어에 함께 가지고 가길. 술에는 언어가 필요 없으니.

취하기 전에 알아야 할 우리술 상식 13

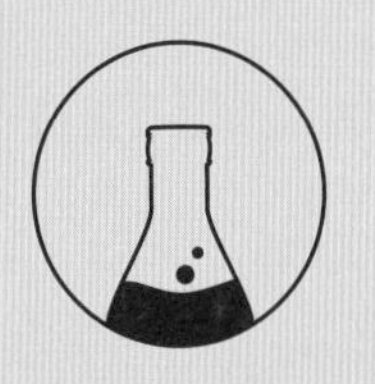

술의 여정

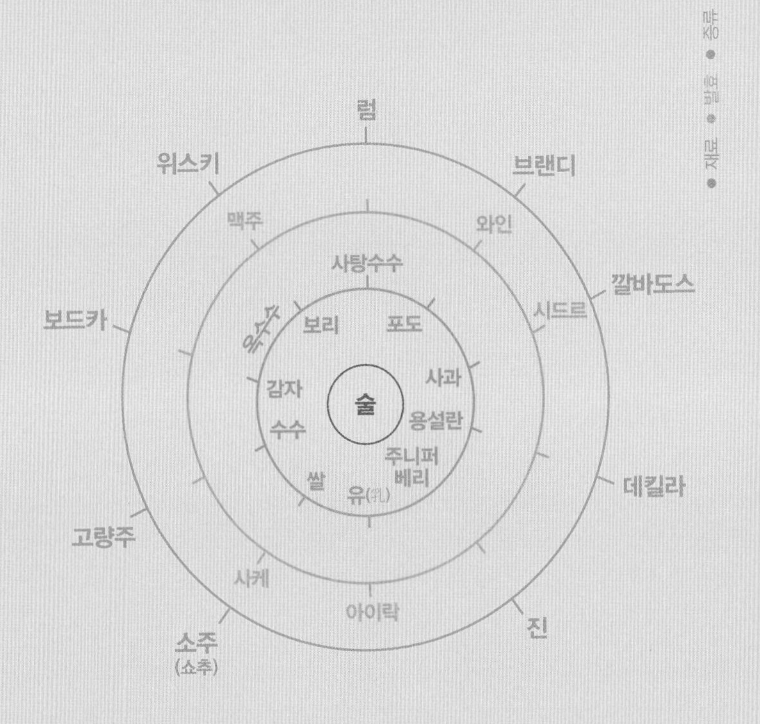

세계 각지의 대표 술

'술'이라는 이름 아래 펼쳐진 재료들의 여정은 다루는 방식에 따라 그 갈래가 무궁무진하다. 우리에게 우리술이 있듯, 각 나라 사람들에게 이 술들은 모두 지역과 나라를 대표하는 '우리술'일 것이다.

이토록 다양한 세계의 술을 우리만의 재료와 방식으로 소화하려는 시도가 이어지고 있다. 우리술 시장을 한층 넓혀줄 다양한 주종을 살펴보자.

사이더Cider

사과즙으로 만든 탄산 있는 발효주를 일컫는다. 국산 사과를 듬뿍 넣어 기분 좋은 단맛과 청량감이 넘친다.

- **댄싱파파:** 충북 충주 댄싱사이더 | 7도 | 충주산 사과를 발효시켜 만든 사이더로 드라이한 맛이 특징. 댄싱사이더에서는 분기마다 새로운 사이더를 낸다.
- **헤베:** 경북 의성 애플리즈 | 9도 | 의성 특산품인 사과로 만든 사이더로 단맛이 적고 사과 향이 진하다. 이곳 사과 와인은 오크통이 아닌 옹기에 담아 숙성시킨다.

미드Mead

꿀을 발효시킨 술로 꽃, 과일, 홉 등을 첨가해 만든다. 품질 좋은 국산 꿀을 활용한 다양한 미드가 주목받고 있다.

- **허니비와인:** 경기 양평 아이비영농조합법인 | 8도 | 꽃 향과 과실 향을 머금은 미드. 꿀과 함께 진피(귤껍질)가 들어간다.

호피허니버니: 경기 용인 부즈앤버즈미더리 | 6도 | 맥주 재료인 홉을 넣어 만든 미드로 맥주를 연상시키는 드라이한 맛이 특징이다.

졸인꿀술: 충남 공주 석장리미더리 | 11.2도 | 꿀을 졸이거나 살짝 태우는 방식으로 제조한다. 건조 계피를 더해 짙은 캐러멜 향이 느껴진다.

럼Rum

사탕수수즙이나 당밀 같은, 설탕을 만들고 남은 부산물을 발효·증류해 만든 술. 국산 사탕수수를 활용해 술을 빚는 양조장도 있다.

럼PHAT: 경북 예천 착한농부 | 42도 | 토종 단수수즙을 발효시켜 증류한 증류주(럼) 외에도 다양한 변주를 선보인다.

보드카Vodka

주로 녹말과 당을 함유한 곡물을 증류해 만드는 무색, 무미, 무취의 술. 활성탄으로 여과해 최대한 없앤다.

쇼어RED: 강원 인제 브리즈앤스트림 | 40도 | 쌀로 만든 증류주를 자작나무 숯으로 여과한 다음 고추 향을 첨가했다. '코리안 라이스 보드카'를 표방한다.

위스키Whiskey/Whisky

맥아나 기타 곡류를 발효시켜 증류한 술. 보리, 옥수수, 호밀, 밀 등이 주요 재료다. 국내에는 아직 위스키 증류소가 많지 않고 외국산 재료를 주로 쓰지만, 증류 시도가 점차 늘어나는 추세다.

- **김창수 위스키 04**: 경기 김포 김창수위스키증류소 | 53.2도 | 극소량만 생산하는 코리안 싱글몰트 위스키 증류소로 출시 때마다 오픈런을 이룰 정도로 인기가 많다. 이 중 '04'는 셰리 캐스크에 숙성시킨 위스키다.
- **기원 배치4**: 경기 남양주 쓰리소사이어티스 | 46도 | '가장 한국적인 위스키'를 모토로 한 국내 최초의 위스키 증류소. 최근 '피티드'와 '스모크드' 두 가지 버전으로 출시한 '배치4'는 매콤하고 오크 향이 풍부하다는 평이다.

경기 남양주 쓰리소사이어티스의 위스키 오크통

오크통에서 꺼낸 우리술

술이 숙성되면 특유의 날카로움이 사라지고 맛이 둥글둥글 부드럽게 변해 목 넘김이 좋아진다. 양조장들은 옹기, 오크, 스테인리스 등 다양한 저장 용기를 필요에 따라 사용하는데, 최근 들어 오크통에서 숙성된 전통주가 다양하게 출시되고 있다. 코로나19 확산 이후로 2030세대를 강타한 '싱글몰트 위스키' 열풍으로 오크통 숙성주가 친숙해진 영향도 있다. 오크통에서 숙성하면 담겨 있던 통에 따라 초콜릿, 바닐라, 캐러멜, 과일 등 다채로운 향이 술에 입혀진다.

과연 오크통에서 숙성한 술도 전통주일까? 정답은 '원재료와 기간에 따라 다르다'이다. 현재의 주세법상 과실주를 오크통에서 일 년 이상 숙성시키면 전통주로 인정받지 못한다. 반대로 오크통 숙성 기간이 일 년 미만이면 전통주에 해당한다. 예를 들어 지역 특산주인 과실주를 증류한 술을 오크통에서 일 년 미만 숙성시키면 '일반증류주'로 구분돼 전통주에 해당하지만, 일 년 이상 숙성시키면 전통주가 아닌 브랜디가 되는 식이다.

그런데 곡식으로 만든 술을 증류한 소주를 오크통에서 일 년 이상 숙성시키는 건 전통주로 인정한다. 브랜디는 외국 술이지만, 소주는 독보적인 우리술이라는 게 정부의 설명이다. 이에 대한 의견도 분분하다. 과실주 역시 우리 농산물로 만든 술이기 때문이다. 규제를 완화하면 우리나라에 좀 더 재미있는 오크통 숙성주가 나오지 않을까.

고운달 오크: 경북 문경 오미나라 | 52도 | 우리나라 최초의 마스터 블랜더인 이종기 명인이 만든 오미자 증류주. 오크통에서 숙성돼 오미자 본연의 향과 오크통에서 나는 초콜릿 향이 조화를 이룬다.

우희열 명인 한산소곡주 오크블루: 충남 서천 한산소곡주 | 43도 | 한산소곡주를 증류해 오크통에서 숙성시킨 술로 꿀, 들국화, 메주콩, 생강, 홍고추 등이 들어갔다. 주세법상 리큐르에 속한다.

마한오크: 충북 청주 스마트브루어리 | 40 · 46 · 52도 | 오크통에서 2년 숙성한 쌀소주로, 주세법상 소주지만 양조장에서는 위스키에 가까운 술로 분류하고 있다.

10개
5,000원
7개
5,000원
한바구니
5,000원

무한대 경우의 수, 부재료가 독특한 우리술

#무지개막걸리 #C막걸리_시그니처큐베 #세파바이씨

#같이양조장_연희 #당근술_달토끼프로젝트 #너드브루어리_너디

#서울_비어바나 #서울_보석양조 #서울효모방

우리술을 특별하게 만드는 '신의 한 수'를 꼽자면, 이는 부재료다. 막걸리가 흰옷을 입은 고상한 선비라면, 부재료를 넣은 막걸리는 선비가 색동옷을 걸쳐 입고 신명나게 꽹과리를 두들기게 할 수도 있다. 그러곤 선비가 말하겠지.

"자, 비트 주세요!"

부재료가 들어간 술이 인기를 끈 것은 불과 몇 년 안 됐다. 부재료의 무기는 특별함이다. 비전문가가 언뜻 보면 비슷한 술이 많은 우리술 시장에서 부재료를 넣는 도전은 술을 새롭게, 그리고 양조장은 특색이 있는 곳으로 만든다.

뭘 좋아할지 몰라서 다 넣어봤어

부재료에 강점이 있는 양조장이 몇 군데 있다. 그 가운데 눈에 띄는 건 '무지개 막걸리'로 유명한 경기 양평 C막걸리다. '무지개 막걸리'라는 타이틀을 거머쥔 것도 그렇다. 워낙 다채로운 부재료를 쓰고, 매달 신상 막걸리를 출시하기 때문이다. C막걸리에서는 일곱 빛깔 무지개를 넘어 팔레트를 꽉 채울 만큼 다양한 색을 가진 술이 나온다.

실은 부재료를 넣은 막걸리는 이미 많다. 딸기라는 부재료를 넣으면 딸기막걸리, 한라봉을 넣으면 한라봉막걸리, 검은콩을 넣으면 검은콩막걸리다. 그런데 C막걸리의 시각은 한발 더 나아간다. 가령 사과와 방풍나물을 넣은 '오마주 제이드', 딸기와 체리세이지를 혼합한 '두물 핑크', 단호박과 허브인 딜을 넣은 '벨루테 골드', 생강과 스테비아를 넣은 '캔디화이트', 도라지와 둥굴레를 조합한 '우디브라운' 등, 듣기만 해도 생소한 부재료와 또 생소한 조합. 술 이름은 대부분 재료가 품은 색에서 따왔다. C막걸리는 대부분 막걸리에 두 가지 이상의 부재료를 혼합한다.

이런 재미있는 막걸리가 나올 수 있는 이유는 최영은 C막걸리 대표의 이력 덕이다. 그는 17년간 해외 생활을 했다. 벨기에, 싱가포르, 태국 등 나라도 다양했다. 여러 나라에서 재미있는 재료를 많이 접해본 경험이 큰 도움이 됐다. 원래 양조장도 태국에서 열려고 했다. 한 가지 재료를 떠올리면, 이와 어울리는 재료를 곧바로 떠올리는 게 비결이라고 한다. 그에 따르면 그가 쓴 부재료 노트에는 수천 가지의 막걸리를 만들 수 있는 조합이 구상돼 있다.

물론 C막걸리에도 빈 스케치북 같은 술이 있다. 바로 기본 막걸리 '시그니처 큐베'다. 다른 막걸리는 시즌별로 출시해 시즌이 지나면 구

C막걸리의 새로운 시리즈 '세파바이씨'

할 수 없지만, '시그니처 큐베'는 늘 C막걸리를 든든하게 지키고 있다. 하지만 '시그니처 큐베' 또한 주니퍼베리와 건포도, 배즙을 넣어 만든 색다른 기본 막걸리다.

최근엔 우리 토종 쌀의 품종별로 막걸리를 만들어 화제를 모으기도 했다. C막걸리가 내놓은 시리즈 '세파바이씨'는 귀도·한양조·백팔미·북흑조·멧돼지찰로 이뤄져 있다. '세파'는 식물이나 와인 품종을 가리키는 스페인어다. 같은 쌀인데도 품종에 따라 빛깔과 맛이 확연히 다르다. C막걸리에 따르면 우리나라엔 과거 전혀 다른 1451개의 벼 품종이 자랐다고 한다.

부재료의 또 다른 강자는 서울 같이양조장이다. 지금은 합정동으로 자리를 옮겼지만 양조장은 연희동에서 출발해 그 이름을 붙인 '연희 시리즈' 막걸리로 눈길을 끌었다. 민트를 넣은 '연희민트', 멜론을 쓴 '연희멜론', 유자를 넣은 '연희유자' 등 굳이 후면 라벨을 보지 않아도 직관적인 재료를 나타내는 술 이름이 특징이다.

같이양조장의 도전 정신은 중국집에서나 보던 향신료인 팔각을 넣은 '연희팔각', 매화를 넣은 '연희매화'에서 엿볼 수 있다. 보는 사람 입장에선 '상업 양조는 아무래도 대중의 입맛을 고려해야 할 텐데, 이런 막걸리는 마니악하지 않나' 걱정이 든다. 하지만 돌아오는 답은 이렇다.

"여러 사람에게 기억에 남는 양조장이 되려면, 그 사람 입맛에 맞는 막걸리가 하나쯤은 있어야죠."

'이 가운데 네가 좋아하는 막걸리 하나는 있겠지'라는 배포다. 이 배포 덕에 같이양조장은 마니아층이 두텁다.

이곳이 부재료를 조합하는 방식 역시 독특하다. 가령 '연희홍차'는 고문헌에 나오는 술인 '하향주'를 기반으로 한다. 하향주는 구멍떡으로 술을 빚어 달고 질감이 진득한 편이다. 같이양조장의 최우택 대표는 희고 진한 단맛을 가진 술, 하향주에 홍차를 넣으면 밀크티 같은 느낌이 날 거라 생각했다. 범인(凡人)은 하기 어려운 발상이다.

부재료에 마음이 열려 있는 양조장은 뜻밖의 협업도 많이 한다. 토끼의 해였던 2023년에는 C막걸리와 같이양조장, 그리고 서울 비어바나, 서울 보석양조, 서울효모방이 참여한 '달토끼 프로젝트'를 진행했다. 당근을 부재료로 쓴 술을 만드는 게 주제였다. 백일장처럼 시어를 제시하면 다 같이 그 주제를 가지고 글을 쓰는 것과 비슷하다.

같이양조장은 당근, 사과, 계피를 넣은 막걸리 '계묘월묘'를 선보였다. 맛은 당근케이크 같다. C막걸리는 당근과 방아 잎을 넣은 '달토끼 옐로'를, 이들과 마찬가지로 독특한 부재료 막걸리를 만드는 서울효모방은 한라봉, 패션푸르트, 코코넛, 핑크페퍼가 들어간 '래빗해빗' 막걸리를 내놨다. 맥주 브루어리인 비어바나는 당근에 계피가루, 헤이즐럿 향, 육두구 분말 등을 넣어 '달토끼 브라운 에일'을 완성했고, 보석양조는 당근 하면 가장 먼저 떠오르는 'ABC 주스'에서 착안해 사과, 비트, 당근을 넣어 막걸리를 빚었다.

운이 좋게 달토끼 프로젝트 론칭 행사에 초청받아 갔는데, 자리에 가니 술을 빚는 사람도, 마시러 온 사람도 모두 새로운 조합에 기대를 숨기지 못하는 눈빛이었다. 어떤 술은 호불호가 강했지만, 이미 새로운 술을 마셔봤다는 만족감이 호불호를 무찔렀다. 이런 신선한 경험은 우리술 시장에 2030세대가 이끌려 온, 앞으로 이끌려 올 수 있는 전략이기도 하다.

당근을 주제로 한 '달토끼 프로젝트' 참여 술들

익숙함을 벗어나려는 도전

부재료 막걸리가 활성화되니 최근 문을 연 양조장에선 부재료를 적극적으로 쓰는 모양새다. 경북 상주 너드브루어리는 허브인 바질을 넣은 막걸리 '너디호프'로 문을 열었다. 너디호프로 좋은 반응을 얻은 후 출시한 술은 타임과 로즈메리를 넣은 '너디블랑', 체리를 넣은 '너디로제'다. 또 다른 신비한(?) 술들의 탄생은 소비자들이 부재료 막걸리를 긍정적으로 받아들인 결과다.

덕분에 우리술 페어링 폭도 늘었다. 과거엔 쌀막걸리만 있었다면, 이젠 부재료를 넣은 쌀막걸리가 등장해 "막걸리 안주는 파전이다"라는 절대 공식이 깨졌기 때문이다. 너드브루어리는 '너디블랑'을 홍보할 때 "생선 요리 페어링 막걸리"라는 수식어를 함께 붙인다. 생선 요리와 페어링은 그동안 맑은술인 약주나 청주의 몫이었다. 생선의 비릿함을 잡아주는 타임과 생선 파피요트(생선을 여러 재료와 함께 싸서 사탕처럼 묶어내 찌는 프랑스 요리)에도 들어가는 로즈메리를 썼기에 가능한 일이다.

부재료를 넣은 술이 인기를 얻으면 매년 쌀 과잉 생산 문제로 고민하는 우리나라 농가도 다양한 작물 재배를 검토할 수 있는 또 하나의 가능성이 열리게 된다. 특이한 농산물을 생산하는 농가가 많아지면 양조장 입장에서도 이득이다. '윈-윈' 전략일 수 있다.

반대로 전통주인 지역 특산주의 한계도 체감된다. 현재 지역 특산주는 양조장이 있는 지역과 인접한 지역에서 생산하는 농산물만 사용할 수 있다. 만약 내가 원하는 부재료를 쓰고 싶다면 그 부재료가 나는 지역, 또는 인접 지역에서 술을 생산하거나, 혹은 여러 재료를 넣은 다음 마지막쯤에야 내가 원하는 부재료를 넣는 '꼼수'를 발휘할 수밖에 없다. 이는 지역 특산주도 원재료 가운데 세 번째로 들어가는 재료부터는 특별한 제한이 없다는 주세법 때문이다. 그렇다고 무작정 부재료를 허용한다면 우리 농산물에 또 다른 피해가 올 수도 있고, 전통주의 정체성도 모호해질 수 있다는 우려가 있다. 여러모로 애매한 상황이다.

이 때문에 일부 전문가들은 지역 특산주를 해당 지역과 인접 지역으로 규정하지 않고, 우리 농산물이면 전면 허용하는 안도 주장하고 있다. 어떤 것이 정답인지는 뚜렷하게 답을 내릴 수 없지만, 이전에 없었던 막걸리와 술이 나오는 만큼 기존의 법도 그에 맞춰 따라갈 필요가 있어 보인다.

소비자 입장에선 새로운 술, 새로운 조합은 반갑다. 마치 20년간 먹던 '조리퐁'에 어느 날 갑자기 마시멜로가 들어갔을 때, '이제까지 왜 이런 조합을 생각 못 했지'라는 후회와 '이제라도 만나서 다행이다'라는 안도가 내 몸을 감쌌듯이. 우리술의 '넥스트 레벨'은 무엇일까. 두렵지만 오늘도 기대감에 부푼다.

'닷사이' 사케에 쓰이는 양조용 쌀 '야마다니시키'를 재배하는 일본 효고현의 농촌 풍경

7

사케와 착각쟁이

#효고현_아카시타이양조장

#사케장인_기미오요네자와

#프리미엄사케

"벼는 익을수록 고개를 숙인다."

우리나라는 예로부터 농사를 지어온 국가라 농사에 관련된 속담이 많지만, 나는 그중 이 속담을 제일 좋아한다. 실천하기 어려운 말 아닌가. 대부분의 사람은 잘하는 게 생기면 이를 겸손하게 받아들일 줄 모른다. 어떻게든 뽐내고 싶어 하고, 위치를 과시하고 싶어 한다. 이를 내 마음대로 할 수 없는 이유는 '착각' 탓이다. 나는 똑똑하고, 남들은 멍청하다는 착각. 혹은 미약한 결과인데도 뭔가 잘 풀리고 있다는 착각. 이 착각은 옆에서 아무리 떠들어도 깰 방법이 없다. 스스로 깨달아야 한다. 조언만 듣고도 착각에서 금세 빠져나오는 사람이 현자고, 대부분은 더 큰 착각 속에서 본인 만족으로 살아간다.

초로의 명인도 착각을 한다

2023년, 명욱 교수님과 이대형 박사님의 도움을 받아 사케를 취재하러 일본 효고현에 갔다. 그중 아카시시에서 '아카시타이'라는 양조장을 취재할 기회가 생겼다. 양조장에 가자 백발의 노신사가 맞이해줬다. 그는 아카시타이의 대표 기미오 요네자와 씨였다. 아카시타이 양조장은 1918년부터 양조용 알코올을 만들던 회사라 오랜 역사를 간직하고 있지만, 지금은 물량의 90%를 오로지 수출로 판매하는 곳이다. 어떻게 전통적인 사케 양조를 하던 곳이 갑자기 글로벌 회사가 됐을까. 때는 2005년으로 거슬러 올라간다. 전통 양조를 고수하던 아카시타이는 일본에 점점 사케 양조장이 많아지자 위기를 맞이했다. 젊은이들 사이에선 사케가 고루한 전통주라고 인식돼 점점 소비량이 줄어드는데, 반대로 품질에 관한 소비자의 눈은 갈수록 높아졌기 때문이다. 이 벅찬 경쟁을 따라잡으려면 '뱁새의 가랑이 찢어진다'는 생각에 기미오 대표는 해외로 눈을 돌렸다. 그리고 영국에서 열린 한 식품박람회에서 열심히 준비한 사케를 내놓았고, 무려 반나절 만에 완판 기록을 세웠다. 해외에서도 사케가 먹힐 것만 같았다. 하지만 이는 착각이었다. 박람회가 끝나고 나서 아카시타이와 거래하겠다는 데는 단 한 곳도 없었다.

"사케가 완판됐을 때 저는 '됐구나' 싶었어요. 그런데 알고 보니 박람회에서 내 술이 완판된 이유는 그냥 공짜 술이었기 때문이었습니다. 이 사실을 받아들이기가 정말 힘들었죠. 그 후로도 몇 년간 그 생각에 사로잡혔어요. 단돈 5엔(50원)이라도 받았으면 더 냉정한 평가를 받지 않았을까, 오래 곱씹었죠."

기미오 대표는 이번엔 오사카와 고베를 도는 무역상을 찾아가 사케 납품을 부탁했다. 그곳에서도 반응은 싸늘했다. 무역상은 기미오 대표에게 사케가 무려 3000개나 있는 팸플릿을 하나 주면서 이렇게 말했다고 한다.

"여기서 제일 비싸든지, 제일 맛있든지, 아님 제일 싸든지. 하나라도 해와라. 특색 없는 그저 그런 술은 팔리지 않는다."

이 말을 들은 기미오 대표는 자존심 상해하는 대신 자신의 술을 완전히 뜯어고쳤다. 저가형 사케를 프리미엄 사케로 바꾸고, 술의 주종을 사케에서 리큐르, 진, 2017년엔 위스키까지 늘렸다. 단 한 곳도 납품할 수 없던 사케는 현재 수출되고 있다. 그는 백발노인인데도 여전히 도전을 멈추지 않는다. 자신이 가지고 있던 착각을 깨고, 객관적으로 사실을 받아들여 고친 게 큰 도움이 됐다. 그날 인터뷰는 나를 한 번 더 돌아보게 했다. 상대에게 비판받을 때 복어처럼 가시부터 세우는 모습을 버려야겠다고 생각했다.

솔직한 피드백이 솔직히 가장 어렵다

반대로 내가 비판해야 하는 입장일 때가 그렇다. 전통주 취재를 다니다 보면 가끔 신생 양조장에서 술을 평가해달라는 부탁을 받는다. 혹은 매출 부진을 겪는 양조장에서 방법을 찾고 싶다며 고민을 이야기할 때도 있다.

이때 모두가 '솔직하게' 말해달라고 한다. 그럴 땐 얼마나 솔직하게 얘기해야 할지 감이 오지 않는다. 정말 맛있고, 내가 조언할 필요가 없을 정도로 좋은 술도 있다. 하지만 이따금 다른 양조장과 너무 비슷한 술이거나, 라벨이 심하게 요즘 감성이나 소비자 니즈와 동떨어질 때가 있다. 또 이곳의 전략이라고 내세우는 것들이 다른 양조장이 이미 예전부터 하고 있었던 것들이거나, 생각보다 홍보가 허술한데 치밀하게 이뤄지고 있다고 오해하는 등의 문제를 볼 때가 있다.

취재를 하다 보면 속엣말이 잘 나오지 않는다. 우리술을 얼마나 힘들게 만드는지 알기 때문이다. 우리술 업계가 아직 전체 주류 시장 출고액의 1%밖에 안 되다 보니 벌어지는 일이다. 그나마 잘되는 곳에는 이런저런 의견을 보탤 수 있겠지만, 명맥을 지키는 것 자체만으로도 이미 버거운 일임을 아는데 선뜻 입이 떨어지지 않는다. 이는 업계의 오랜 고민이다. 시장은 작고, 노력이라는 대안밖에 없는 상황에서 노력해도 안 되는 게 있다는 현실은 착잡하기만 하다.

의도치 않게 조언하는 입장에 몇 번 처해보니 〈백종원의 골목식당〉 같은 프로그램에 나오는 출연자도, 조언해주는 백종원 대표도 새삼 대단하다는 생각이 들었다. 가끔 시청자들은 바락바락 화를 내는 식당 주인을 보고 "어휴, 저러니 망하지"라고 핀잔을 주지만, 실은 그 자리에서 내가 가는 방향이 잘못됐다는 걸 인정하는 건 성인군자나 할 수 있는 일이다. 내가 취업 준비생일 때 면접 연습을 도와주던 선생님이 나에게 "독일 병정같이 면접을 본다"고 조언한 적이 있다. 그런 피드백은 초창기부터 들었지만 내가 진짜 그 태도를 고친 건 면접에 수십 번 떨어진 뒤였다. 어린 나이일 때도 나를 고치는 게 어려운데, 나이 들면 더 힘들다. 성공이 어려운 이유는 그 때문일 것이다. 비판을 냉정하게 수용하고 이를 고쳐 앞으로 나아가는 것. 모두 그렇게 할 수 있다면 전부 성공할 테지.

"너 T야?"라는 밈이 인기를 얻은 이유도 같지 않을까. 고민의 목적이 변화가 아니라 공감을 바라고, 칭찬을 바라고, 응원을 바라서다. 성공과는 멀 수 있어도 순간의 불안감을 이겨내고 자신이 잘하고 있다는 걸 남들에게 확인받고 싶을 수 있다. 물론 이런 것도 도움이 되지만 장기적으론 언젠가 근원적인 문제를 해결해야 한다.

그래서 더욱 아카시타이 양조장이 인상적으로 다가왔다. 아카시타이 양조장이 전통 양조에서 수출 90%로 대전환할 수 있었던 건, 백발의 대표가 나이 듦에도 개의치 않고 다른 사람의 조언을 진심으로 받아들인 태도에 있을 것이다. 사케에 대해 아무것도 모르는 내가 조언을 했어도 들을 자세였다. 분명 그도 100년이라는 양조장 역사를 이뤘기 때문에 자신을 고치는 게 쉽지 않았을 테다. 어쩌면 자기 술이 가장 낫다는 착각 속에 있었을 수도 있다. 우리는 조금만 노력해도 노력한 자신이 참 대견해 보인다. 아마 기미오 대표가 박람회에서 모든 술을 완판했던 순간도 그랬을 거다. 하지만 기미오 대표는 이 순간에 자신의 착각을 내려놓고 싸늘한 현실과 직면했다. 결과적으로 단점을 극복하고 그다음 단계로 나아갈 수 있게 됐다.

"혹시 20년 전 과거로 돌아가면 뭘 하고 싶으세요?"

아카시타이 양조장의 기미오 요네자와 대표

내가 인터뷰하며 물었더니 기미오 대표가 곰곰이 생각하다 답했다.

"라벨, 라벨을 바꿀 것 같아요. 초창기에 수출할 때 라벨 고칠 생각을 못 해서 시행착오가 많았어요. 그때 너무 힘들었거든요."

무려 20년 전 타임머신을 탈 기회가 있는데도 사케 라벨을 고치겠다는 그에게 어떤 조언이 더 필요할까. 그는 여기서 멈추지 않고 위스키 증류기를 들여놓고, 미국 와인 양조장에서 배운 시음 프로그램을 적용하는 등 열심이다. 착각쟁이는 사케 장인의 진심에 고개를 숙일 뿐이다.

8

엄마와 술

#이태원_카사코로나

#예산_골목양조장

#우리집_가양주_파인애플막걸리

내가 술을 잘 못 마시는 건 완전히 엄마 탓이다. 음주는 유전이라는데, 웃기게도 그 유전자를 삼 남매 중에서 나만 받았다. 우리 엄마는 술잔이 옆에만 있어도, 냄새에도 얼굴이 빨개질 정도로 술을 못 드신다. '알쓰'는 보리밭에서도 얼굴이 빨개진다는 말도 있지 않은가. 그렇다 보니 나 역시 스무 살 넘어서까지 집에서 술을 마실 일이 없었다. 보통 명절 때는 친척들이 모여 술을 마신다는 사실도 대학에 가서야 알았다. 집안에 술을 마시는 문화가 전혀 없었기 때문이다. 술 마시지 않으면 명절에 무슨 재미냐는 사람들도 있지만, 술을 마시지 않아도 재미있는 건 많다. 매작과 만들기, 온돌방에서 귤 까먹기, 넷플릭스 보기, 윷놀이, 화투 등 술 없이 함께할 수 있는 것들을 하며 지냈다.

모녀의 사춘기

대부분의 딸이 그렇듯, 나는 일평생을 엄마와 애틋한 전우이자 최후의 적처럼 지냈다. 친구처럼 지내는 모녀도 있다지만, 우리는 굳이 따지면 그쪽 '과'는 아니었다. 사춘기 때는 엄마와 가치관 문제로 많이 부딪혔다. 엄마는 남들보다 예민하고, 고지식하고, 원칙주의자에 고집도 센 편이나, 언제나 자식이 일순위이며 나의 성공이 곧 자신의 성공인 고전적인 엄마 상이다. 엄마는 늘 내 걱정이고, 내가 어디 가서 밉보일까 염려했다. 엄마는 내사 집을 나설 때마다 사람들에게 겸손하게 말하라고, 상처 주는 말을 하면 너도 상처받는다고 말하는 사람이었다. 그리고 무엇보다 내가 언제나 잘할 거라고 믿어주었다. 하지만 나는 엄마의 품안에만 있기엔 호기심도, 하고 싶은 것도 많았으며, 일을 벌이는 스타일에 성격도 별난 편이었다. 게다가 철도 늦게 들었다. 그래서 우리는 늘 싸웠다.

뒤늦게 정신을 차린 이후로는 엄마에게 늘 미안한 마음을 가지고 있었다. 첫애는 원래 고생을 덜 한다는데 나는 애만 먹이는 딸이었다. 그래서 철이 든 이후로는 좋은 것, 맛있는 것을 먹으면 늘 엄마 생각을 먼저 했다. 뒤늦게 효녀 심청 대열에 끼어든 것이다. 하지만 기껏 좋은 자리를 만들어도 "얼마냐" "돈 아깝게"로 응수하는 투박한 사람이 바로 엄마였다. 그냥 고맙다고 하면 될 걸! 딸의 아쉬운 마음을 알 법도 한데 돌아오는 말은 고작 이랬다. 기껏 함께 가서 네일아트를 받을 때 "이런 걸 왜 하냐"고 묻거나, 요즘 유행한다는 현금 케이크를 주문했는데 "귀찮게 뭐 하러 했냐"라고 하거나, 공항 면세점에 들러 비행기에서 편히 주무시라고 목베개를 산다고 하면 저 멀리서부터 "절대 사지 마, 절대!"라고 외치는 사람. 딸이 힘들게 번 돈을 쓰는 게 아까워서 그렇게 반응했다는 걸 알지만, 돈은 돈대로 썼는데도 엄마의 반응이 못내 아쉬워 혼자 가슴을 치곤 했다.

하지만 요즘은 타협에 성공했다. 이제 나도 속상해하지 않고 "엄마, 그냥 고맙다고 말해요" 한다. 그러면 엄마는 수줍고 머쓱한 얼굴로 "뭐, 그래. 고마워 딸!"이라고 대답한다. 술도 그랬다. 내가 술을 마시기 시작하면서 엄마도 술을 마시게 됐다. 누구는 부모님에게 술을 배운다지만, 엄마의 술 선생님은 나인 셈이다.

엄마와 가진 첫 술자리는 놀랍게도 이태원이었다. 이태원에 루프톱이 있는 '카사코로나'라는 바가 있는데, 그 즈음 목요일마다 재즈 공연을 했다. 친구와 갔다가 루프톱 바의 새로운 매력을 알게 된 나는, 엄마를 무작정 이태원으로 데려갔다. 바 입구에서 신분증 검사가 이뤄졌는데 덩치가 큰 가드가 엄마에게 "신분증이요"라고 하자, 엄마는 황당하다는 표정을 지었다. 신분증 검사하는 술집도 처음인 데다 누가 봐도 엄마와 딸의 모습이었기 때문이다.

"나 못 들어가는 거 아니야?"

엄마가 불안한 듯 속삭이며 물었다. 신분증 검사를 하는 30초가 길게도 느껴졌다. 속으로 '설마 못 들어가게 하려나' 싶었지만, 엄마가 긴장할까 봐 억지로 웃었다. 다행히 무사통과한 우리는 팔목에 입장 도장을 쾅쾅 찍고 팔짱을 낀 채 루프톱 바로 올라갔다. '카사코로나'의 명물인 코로나 맥주를 시키고(이때는 코로나19 전이었다), 왁자지껄한 이태원 야경을 바라보며 함께 맥주를 마셨다. 둘이 합쳐 맥주 한 병도 제대로 못 마시는 '알쓰' 모녀였지만 즐거운 기억으로 남아 있다. 물론 엄마 표현을 빌리자면, 주변엔 온통 젊은 사람 천지여서 시종일관 안절

부절못하다가 1시간도 못 버티고 집으로 돌아왔지만 말이다. 그날, 엄마와 이태원 루프톱 바에 간 건 나밖에 없었을지도 모른다.

그런 엄마가 본격적으로 술에 관심을 가지게 된 건, 내가 우리술 기사를 쓰고 전통주 소믈리에가 되면서부터다. 어느 날 엄마가 회사에서 회식을 한다기에 술을 예쁘게 포장해 들려 보냈다. 반응은 기대 이상으로 좋았다. 회식을 마치고 한껏 기분이 좋아진 엄마는 그때부터 술 선물을 반갑게 맞이했다. 오히려 내게 먼저 "술 선물은 없니?"라고 은근하게 물어왔다. 한평생 술을 제대로 마셔본 적 없는 엄마가 맛있는 전통주를 마셔봤으니 얼마나 신기했을까.

엄마는 곧장 이모에게 자랑 겸 소문을 냈다. 덕분에 처음으로 명절 때 우리집에 술이 등장했다. 40도가 넘는 고도주. 비싸고 좋은 술이라서 가져간 것이다. 다들 이게 좋은 술인지 맛있는 술인지 아무것도 모를 텐데 한우구이를 안주 삼아 홀짝홀짝 잘도 마셨다. 가족 모두 벌게진 채로 "비싼 술이 좋긴 좋다"며 감탄하더니 얼마 지나지 않아 전 부치는 것도 잊고 모두 뻗어버렸다.

그동안 우리 가족에게 술은 어떤 것이었을까. 술을 못 하기에 접하기 두려운 것, 그런데 맛도 없는 것. 하지만 누구도 집에서 강권하지 않고 홀짝거리면 그런대로 받아들이니 안 그래도 맛있는 전통주가 맛없을 턱이 있나. 그때부터 종종 명절에 술을 가져가면 친척들이 반긴다. 어른들이 아는 전통주 말고, 요즘 나온 최신 전통주를 가져가는 게 팁이라면 팁이다. 이름이라도 들어본 술은 오히려 기대감이 없어 남 주고 마는데, 난생처음 본 술에는 눈을 반짝거리며 호기심을 가진다. 이름값 하는 전통주보다 모르는 전통주를 사야 하는 이유다. 나보다 몇십 년 더 산 어른들도 그런다. 얼마 전 우리 이모는 회사 회식 때 풀 거라며 살 만한 전통주 리스트까지 받아갔다. 모두가 명절 이후 우리술의 매력에 푹 빠졌다. 어쩌면 술은 경험의 문제가 아니었을까.

그 많은 술 가운데 우리 엄마가 가장 좋아하는 술은, 내가 빚은 술이다. 스무 살 때까지만 해도 나는 요리를 아예 못 했다. 핑계를 찾자면 큰딸 공부한답시고 엄마가 다 해줬기 때문이고, 요리에 정말 재능이 없기도 했다. 달걀말이를 망쳐서 운 적도 있고, 압력밥솥에 밥을 지어야 하는데 세 번을 연이어 태운 적도 있다. 그런 딸이 자취하고 나서는 요리도 척척 하고 술까지 빚어오니 얼마나 놀라셨을까. 하지만 나는 안다. 엄마는 내가 빚은 술을 딱 한 잔만 마실 수 있다는 걸.

애호박과 두부를 얇게 썰어 예쁘게 전을 부치고, 차돌박이와 버섯을 함께 구워 내놓은 다음, 맑게 내린 술 한 잔을 따라드렸다. 엄마는 한 모금 맛보고 눈이 동그랗게 커져 "야, 맛있다!" 했다. 그러고선 다시 "요런 건 빚으려면 얼마나 든대?" 하셨다. 못 말리는 우리 엄마다.

늦게 배운 엄마의 술

술 만드는 데 관심이 생긴 엄마와 동생을 데리고 충남 예산의 골목양조장에서 주최하는 막걸리 원데이클래스에 갔다. 엄마는 오랫동안 단련한 '손맛'이 있어서인지 막걸리도 잘 담갔다. 모녀가 각각 단양주를 빚어왔는데, 술 익을 때 제대로 돌보지 않은 탓인지 엄마의 술만 시간이 지나도 어딘가 맹숭맹숭하고 맛이 없었다. 나는 내가 담근 막걸리를 일주일 만에 바닥냈지만, 엄마의 냉장고에는 고스란히 남아 있다고 했다. 가서 마셔보니 정말 그랬다. 이걸 어떻게 살리면 좋을지 고민하다가, 딸 온다고 챙겨둔 파인애플을 갈아서 섞고 설탕도 조금, 아주 조금 더 넣었다. 결과는 성공이었다. 다 죽어가던 엄마의 술이 파인애플막걸리로 다시 태어났다. 혹시라도 집에 죽은 술이 있다면 과일과 함께 갈아보시길(이때 탄산이 있다면 폭발할 수도 있으니 주의해야 한다). 게다가 파인애플은 막걸리의 쌀맛과 퍽 잘 어울린다(파인애플 볶음밥보다 더). 모녀는 두부김치를 안주 삼아 파인애플막걸리를 마셨다. 남은 술은 친구분들과 나눠 마실 수 있도록 예쁜 유리병에도 담아드렸다.

요즘은 내가 잔소리를 듣는 일보다 오히려 내가 엄마에게 잔소리하는 일이 더 많다. 하지만 엄마가 새롭게 시작한 잔소리도 있다.

"너무 늦게까지 술 마시지 말고. 밤늦게 택시 타지 말고. 늘 조심하고. 많이 마시지 말고. 알겠지?"

그러면서 꼭 이 말을 덧붙인다.

"그래도 네가 술을 못 해서 다행이다. 그 성격에 술까지 잘 마셨으면 얼마나 내 속을 더 썩였겠니."

술을 못 마시는 탓에 1차까지만 버티고 꼬박꼬박 집에 들어가는 딸. 어쩌면 술을 이기지 못해 어쩔 수 없이 들어오는 딸의 모습이 안심인 모양이었다.

엄마는 불과 며칠 전에도 집에 남은 술 있으면 가져오라고 말했다.

"엄마, 어차피 안 드실 건데. 엄마 술도 안 좋아하잖아요."

그러자 엄마가 깔깔 웃으면서 그랬다.

"나? 나 술 좋아해!"

이 말을 듣고 나는, 못 참고 한바탕 웃어버렸다. 엄마와 나는 술은 못 마시지만 술은 좋아하는, 서로와 술 마시는 시간을 참 좋아하는 그런 모녀다.

취하기 전에 알아야 할
우리술 상식 14

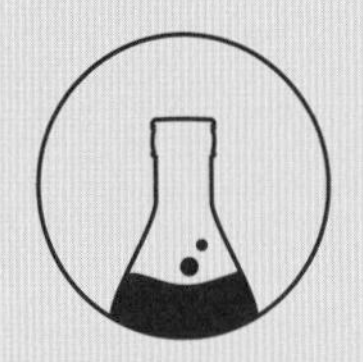

알쓰부터 술꾼까지
모두가 좋아할 우리술 보틀숍

"우리술 어디에서 사요?"

"요즘 제일 핫한 우리술이 알고 싶어요!"

우리술 보틀숍은 만인에게 평등하다. 열정으로 무장한 보틀숍 주인이 '알쓰'도, 술꾼도 만족할 취향 저격 우리술을 추천해줄 테니 말이다. 인스타그램에서 '좋아요'를 눌렀던 우리술을 시음하거나, 직접 술을 빚는 수업을 여는 곳도 있다. 특별한 날 선물하기 좋은 술도 '겟'해보자. 모두가 좋아할 우리술 보틀숍 10곳을 소개한다.

술마켓

우리나라에서 전통주 오프라인 매장으로는 가장 규모가 큰 보틀숍. 전통주 소믈리에가 직접 술을 추천하고, 입소문 난 우리술을 쉽게 구할 수 있다. 군자본점에서는 술을 구매하고 소정의 입장료를 내면 지하 1층에 있는 '술마켓BAR'를 이용할 수 있다. 안주 배달도 가능하다.

주소: 군자본점 서울 광진구 천호대로 515 1층 / 하남미사점 경기 하남시 미사강변한강로 290-3 모노라운지 B동 124호
영업시간: 군자본점 매일 정오~자정(일요일 휴무), 하남미사점 오후 2~11시, 금 · 토는 오전 1시까지, 일요일 정오~오후 11시(수요일 휴무)

우리술당당

술꾼은 그냥 지나가지 못한다는 "애주가들의 방앗간"이라고 불리는 곳. 보틀숍, 시음 공간, 강의장으로 이뤄진 우리술 복합 문화 공간이다. 특히 요즘 뜨는 우리술을 시음하기 좋은 보틀숍이다. '당대표'의 술빚기 원데이클래스는 재밌기로 입소문 났다. 외부 음식 반입 환영.

주소: 서울 성동구 왕십리로5길 9-20 지하 1층
영업시간: 오전 11시 30분~오후 10시 20분(월요일 휴무)

애주금호

700~800종의 전통주와 와인을 상시 보유하고 있는 보틀숍. 전통주 소믈리에가 추천해주는 나만의 술을 발견할 수 있는 공간이다. 매번 입고 리스트를 공지하며, 전통주 소믈리에 양성 과정도 운영한다. 술 마실 공간이 있고 맛있는 안주를 별도 주문할 수 있다.

주소: 서울 성동구 매봉길 50 옥수파크힐스 상가 B105
영업시간: 매일 정오~오후 10시

꽈알라보틀숍

'꽐라'는 지양, '꽈알라'는 지향한다는 건강한 술 문화를 선도하는 보틀숍. 별명은 '개포동 사랑방'이다. 최대 4명이 앉을 수 있는 바 테이블이 있으며, "시음하다 취할 수도 있다"고 말할 정도로 인심 넉넉한 보틀숍이다. 비정기적으로 주제가 있는 시음회를 연다.

주소: 서울 강남구 개포로 264 상가 2동 103호
영업시간: 화~금 오후 5~10시 30분, 토~일 오후 3~10시 30분(매주 월요일, 마지막 주 일요일 휴무)

남촌가주

이 지역의 옛말인 '남촌'에서 따온 이름에 걸맞게 '전통주 박사님'이 애정을 담아 추천해 주는 전통주를 맛볼 수 있다. 규모가 작은 데도 보유한 술의 스펙트럼이 다양하고 친절한 설명과 더불어 시음도 아낌없다. 막걸리 등 술 빚기 원데이클래스도 진행한다.

주소: 서울 중구 퇴계로6길 16 102
영업시간: 매일 정오~오후 9시(월요일 휴무, 오후 4~5시 브레이크 타임)

술술상점

구경만 해도 취할 것같이 다채로운 전통주를 파는 보틀숍. 파란색 스티커가 붙은 술은 무료 시음이 가능하며, '프리토킹'을 환영하는 매니저와 재미있는 우리술 이야기를 편하게 나눌 수 있는 곳이다. 전통주를 사면 야외에 마련된 자리에서 마시는 낭만이 있다.

주소: 서울 중구 퇴계로30길 10
영업시간: 월~토 오전 11시~오후 9시(일요일 휴무, 브레이크 타임 오후 2~3시)

우리주민

한적한 주택가 골목에 보물처럼 숨어 있는 보틀숍. 프랑스 길거리의 소품 숍에 온 것 같은 기분이 드는 곳이다. 작은 규모지만 막걸리, 약주, 소주 등 여러 종류의 전통주가 빼곡히 차 있고, 전통주 소믈리에가 직접 적은 시음평이 술마다 친절하게 쓰여 있다.

주소: 서울 노원구 공릉로42길 7 1층 2호
영업시간: 오후 2~9시, 일요일 오전 11시~오후 5시(매주 월요일, 마지막 일요일 휴무)

당신의 술

수원 최초의 전통주 보틀숍. 친근함이 넘치는 이름처럼 고객과 소통하며 당장이라도 술을 사고 싶게 만드는 진심 가득한 리뷰를 올린다. 술마다 입고 소식을 발 빠르게 전할 뿐만 아니라 간단한 설명을 덧붙여 구매도 편하다.

주소: 경기도 수원시 영통구 센트럴타운로 107 광교푸르지오 월드스퀘어 B-61
영업시간: 매일 오전 11시~오후 9시(수원점)

라이스앤샤인

작은 양조장인데 분위기 좋은 주점이자 힙한 보틀숍이다? 강릉에 위치한 이곳은 문턱을 낮춰 많은 사람에게 우리술을 선보이려는 진정브루잉의 목표를 담고 있다. 진정브루잉의 술은 물론 여러 종류의 우리술을 잔술, 하이볼 등 다양한 형태로 즐길 수 있다.

주소: 강원 강릉시 새냉이길 23-2 1층
영업시간: 오후 1~8시(월요일, 일요일 휴무)

누룩nulook

보틀숍 겸 도심 속 양조장. 전통주 소믈리에가 직접 엄선한 140개가 넘는 우리술과 수제 맥주를 만날 수 있다. 예쁜 술잔이나 그릇 등 소품도 있다. 누룩에서 직접 생산한 특별한 술을 마셔볼 수 있다는 게 매력 포인트. 종종 열리는 시음회는 평이 좋다.

주소: 대전 유성구 어은로42번길 25 1층
영업시간: 평일 정오~오후 9시(오후 3~4시 브레이크 타임), 주말 오후 1~7시

취하기 전에 알아야 할 우리술 상식 15

나만의 시음 노트를 써보자!

"첫 끗발이 개 끗발?"

아니다. 술맛은 첫 느낌, 첫인상이 오래간다. 애주가라면 이제부터라도 시음 노트를 기록해보자. 소믈리에처럼 복잡하게 기록할 필요도 없다. 그저 일기장에 내 이야기를 적어가듯 솔직하게 느낌을 표현하면 된다. 기록을 남기다 보면 시간이 흘러도 금세 술자리 분위기, 술맛에 대한 기억을 새록새록 펼쳐볼 수 있다. 그럼 어느새 나만의 보물 같은 책 한 권이 생긴다. 예시를 참고해서 나만의 시음 노트를 써보자.

시음 노트 필수 요소

1. 지역, 양조장, 술 이름, 도수, 주종은 최소한의 정보다. 후면 라벨을 보면 쉽게 찾을 수 있다.

2. 맛은 기준점을 잡는 게 중요하다. 내가 느낀 단맛과 신맛의 정도를 별점으로 표시해보자. 비교 시음을 통해 별점을 매기다 보면 내 취향의 술이 무엇인지 더 명확하게 찾을 수 있다.

3. 영화평론가 이동진에 빙의해 한 줄 평을 남겨보자. 처음엔 어색해도 적다 보면 풍부한 표현력이 생긴다. 이때 꼭 맛에 대한 느낌만 쓸 필요는 없다. 다양한 방식으로 평가를 남길 수 있다.

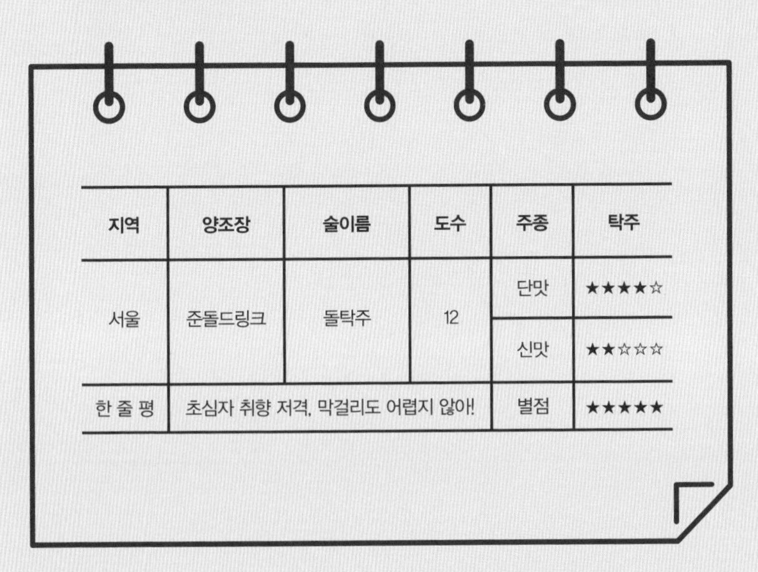

지역	양조장	술이름	도수	주종	탁주
서울	준돌드링크	돌탁주	12	단맛	★★★★☆
				신맛	★★☆☆☆
한 줄 평	초심자 취향 저격, 막걸리도 어렵지 않아!			별점	★★★★★

시음 노트에는 뭘 쓸까?

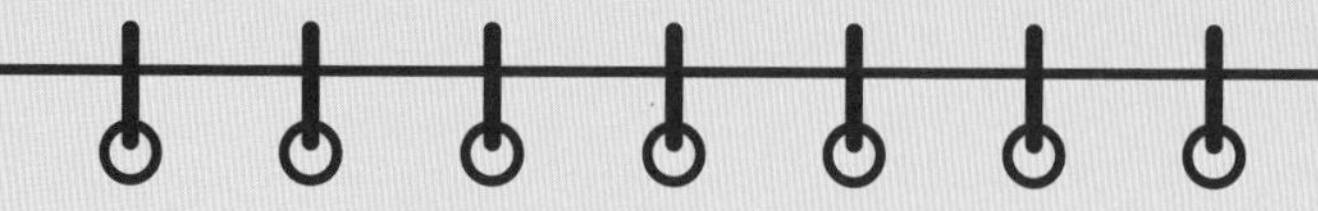

- 이 술을 마셨을 때 떠오르는 색깔은?
- 이 술을 도형으로 표현한다면 어떤 도형일까?
- 이 술과 어울리는 안주는 무엇일까?
- 어떤 사람과 마시고 싶은 술인가?
- 이 술의 이름으로 N행시 지어보기.
- 어느 계절이 어울리는 술인가?
- 이 술이 주는 느낌대로 라벨을 디자인해본다면?
- 이 술과 비슷한 술은 어떤 게 있을까?
- '재구매 각'인가, '반품 각'인가?
- 가성비는 어떠한가?
- 이 술과 어울리는 노래는?
- 이 술을 마셨을 때 떠오르는 여행지는 어디인까?
- 이 술의 느낌을 이모티콘으로 그려보기.
- 이 술을 마셨을 때 맨 처음 나온 말은?
- 이 술의 성격을 MBTI나 혈액형으로 말해본다면?

서울

갈이양조장(마포구)
보석양조(성북구)
비어바나(영등포구)
삼해소주(마포구)
서울양조장(서초구)
서울효모방(서초구)
옥수주조(성동구)
제3양조(성동구)
페어리플레이(성동구)
한강주조(성동구)
OTOT술도가(성동구)
188양조장(성동구)-폐업

경기

감홍로(파주)
과천도가(과천)
김창수위스키(김포)
남한산성소주(광주)
뉴룩주식회사(화성)
마스브루어리(화성)
문배술양조원(김포)
미소주방(광명)
민주술도가(포천)
배상면주가(포천)
부즈앤버즈미더리(용인)
소주다움(파주)
수블가(용인)
술담화(용인)
술샘(용인)
술아원(여주)
쓰리소사이어티스(남양주)
C막걸리(양평)
아이비영농조합법인(양평)
양주골이가(양주)
양주도가(양주)
온증류소(광주)
좋은술(평택)
최행숙전통주가(파주)
팔팔양조장(김포)
화심주조(구리)
화요(광주)

인천

금풍양조장(강화)
탁브루(부평)

강원

국순당(횡성)
두루미양조장(철원)
들을리소향(강릉)
브리즈앤스트림(인제)
모월양조장(원주)
양양술곳간(양양)
원스피리츠(원주)
지시울양조장(춘천)
진정브루잉(강릉)
케이알컴퍼니(평창)

충북

고헌정(충주)
대강양조장(단양)
댄싱사이더(충주)
목도양조장(괴산)
이원양조장(옥천)
샤토미소(영동)
스마트브루어리(청주)
시나브로와이너리(영동)
화양(청주)

충남

골목양조장(예산)
면천두견주보존회(당진)
민속주왕주(논산)
우희열 명인 한산소곡주(서천)
예산사과와인(예산)
석장리미더리(공주)
청양둔송구기주(청양)
해미읍성(서산)

대전

석이원주조(동구)
주방장양조장(유성구)

전북

붉은진주(무주)
이강주(전주)
송화양조(완주)
지란지교(순창)
한영석의 발효연구소(정읍)

전남

도갓집(영암)
밀물주조(목포)
병영주조장(강진)
시향가(곡성)
옥천주조장(해남)
청산녹수(장성)
추성고을(담양)

해창주조장(해남)

경북

경주교동법주(경주)
고도리와이너리(영천)
너드브루어리(상주)
노곡산방(경주)
농암종택(안동)
맹개술도가(안동)
문경주조(문경)
민속주 안동소주(안동)
박재서 명인 안동소주(안동)
애플리즈(의성)
오름주가(사천)
오미나라(문경)
상선주조(상주)
착한농부(예천)
청도감와인(청도)

경남

대밭고을영농조합법인(사천)
악양주조(하동)
우포의아침 맑은내일(창녕)
서상양조장(남해)
솔송주(함양)
하미앙(함양)
해플스팜사이더리(거창)

달성주조(달성)

복순도가(울주)

술익는집(표선)
술다끄는집(표선)

참고 도서

김난도 외, 《트렌드코리아2023》, 미래의창, 2022

김승호, 《응답하라 우리 술》, 깊은샘, 2022

김희준, 《원소주: 더 비기닝》, 미래의창, 2022

농림축산식품부·한국농수산식품유통공사(aT), 《찾아가는 양조장》, 막걸리학교, 2019

류인수, 《한국 전통주 교과서(2판)》, 교문사, 2018

명욱, 《술기로운 세계사》, 포르체, 2023

박록담, 《전통주》, 대원사, 2004

박성호, 《안동소주》, 민속원, 2022

박순욱, 《한국 술 열전》, 헬스레터, 2022

백종원, 《백종원의 우리술》, 김영사, 2023

이대형, 《술자리보다 재미있는 우리술 이야기》, 시대의창, 2023

이외수·박두진 외, 《에세이 술》, 보성, 1989

이종호, 《막걸리를 탐하다》, 북카라반, 2018

이현주, 《한잔 술, 한국의 맛》, 소담출판사, 2019

임범, 《술꾼의 품격》, 학고재, 2010

탁재형, 《우리술 익스프레스》, EBS BOOKS, 2022

허시명 외, 《향기로운 한식, 우리술 산책》, 푸디, 2018

Ingvar Ronde, 《Malt Whisky Yearbook 2023》, MagDig Media Ltd, 2022

참고 자료

농림축산식품부 식품외식산업과, 〈제3차 전통주 등의 산업발전 기본계획〉, 2023.

박준하, 〈우리술 답사기〉, 《농민신문》, 2021~현재. https://media.naver.com/journalist/662/77797/

박준하·서지민·지유리·황지원, 〈1%의 시장, 전통주 붐은 온다〉, 《농민신문》, 2023. https://news.naver.com/hotissue/main?sid1=110&cid=2001450

한국농수산식품유통공사(aT), 〈2020년도 주류산업정보 실태조사〉, 2021.

한국농수산식품유통공사(aT), 〈2021년 주류시장 트렌드보고서〉, 2022.

취할 준비

초판 1쇄 인쇄 2024년 3월 5일
초판 1쇄 발행 2024년 3월 13일

지은이 박준하
감수자 이대형
펴낸이 이승현

출판2 본부장 박태근
지적인 독자 팀장 송두나
편집 송지영
디자인 함지현

펴낸곳 ㈜위즈덤하우스 **출판등록** 2000년 5월 23일 제13-1071호
주소 서울특별시 마포구 양화로 19 합정오피스빌딩 17층
전화 02) 2179-5600 **홈페이지** www.wisdomhouse.co.kr

ISBN 979-11-7171-166-6 03590